国家中等职业教育改革发展示范学校建设项目课程改革新教材

中职机械制造技术专业系列教材

焊接工艺与实训

主　编　赵云红

副主编　王　刚　王安鑫

参　编　汪永恒　邱丽丽　邓丽丽

主　审　邓守峰

机械工业出版社

本书是国家中等职业教育改革发展示范学校建设项目成果教材，内容包括焊接基础知识、气焊与气割、焊条电弧焊、焊接变形与焊接应力、焊接冶金基础、焊接构件备料及成形加工、其他焊接方法、常用金属材料的焊接、焊接缺欠及焊接检验九个项目。

本书适合机械类专业学生学习使用，可满足职业技能短期培训的使用要求，也可供从事焊接工作的工程技术人员参考。

图书在版编目（CIP）数据

焊接工艺与实训 / 赵云红主编. —北京：机械工业出版社，
2016.5（2023.8 重印）
国家中等职业教育改革发展示范学校建设项目课程改革新教材
ISBN 978-7-111-53481-5

Ⅰ. ①焊… Ⅱ. ①赵… Ⅲ. ①焊接工艺－中等专业学校－
教材 Ⅳ.①TG44

中国版本图书馆 CIP 数据核字（2016）第 073249 号

机械工业出版社（北京市百万庄大街 22 号　邮政编码 100037）
策划编辑：齐志刚　　责任编辑：黎　艳　齐志刚　杨　旋
版式设计：霍永明　　责任校对：潘　蕊
封面设计：鞠　杨　　责任印制：张　博

北京雁林吉兆印刷有限公司印刷

2023 年 8 月第 1 版第 4 次印刷
184mm×260mm · 8.75 印张 · 219 千字
标准书号：ISBN 978-7-111-53481-5
定价：32.00 元

电话服务　　　　　　　　网络服务
客服电话：010-88361066　　机　工　官　网：www.cmpbook.com
　　　　　010-88379833　　机　工　官　博：weibo.com/cmp1952
　　　　　010-68326294　　金　书　网：www.golden-book.com
封底无防伪标均为盗版　　机工教育服务网：www.cmpedu.com

前　言

为适应中等职业学校的"2.5+0.5"学制的要求，满足机械类专业的教学要求，编写了本书。本书以指导机械类专业学生学习第二专业技能为目标，以提高学生动手能力为目的，通过理论课程学习，实验、实训课程的训练，使学生掌握焊接专业知识和操作技术，以适应社会用工需求和学生的就业要求。

本书采用"目标引领，任务驱动"的教学模式，通过目标引领，提高学生的学习兴趣；通过任务驱动，帮助学生高效地完成课程的学习。本书力求在教学中使学生"乐学"和"能学"，充分体现"做中教，做中学，做中练，做中考"，以提高学生的动手能力。

本书各项目课时安排建议见下表。

项目	内容	理论课时	实验、实训课时
项目 1	焊接基础知识	6	
项目 2	气焊与气割	4	4
项目 3	焊条电弧焊	2	8
项目 4	焊接变形与焊接应力	4	2
项目 5	焊接冶金基础	4	2
项目 6	焊接构件备料及成形加工	2	4
项目 7	其他焊接方法	4	4
项目 8	常用金属材料的焊接	6	4
项目 9	焊接缺欠及焊接检验	6	
合计		38	28

本书由赵云红任主编，王刚、王安鑫任副主编，全书由赵云红、王刚统稿。参加编写的还有汪永恒、邓丽丽、邱丽丽。具体编写分工如下：赵云红编写项目3、项目4、项目8；王刚编写项目5；王安鑫编写项目6、项目7；汪永恒编写项目2；邓丽丽编写项目1；邱丽丽编写项目9。

由于编者水平有限，书中不足之处在所难免，敬请读者批评指正。

编　者

目　录

项目1 焊接基础知识

学习目标 ≪

> 了解焊接的定义、分类。
>
> 了解焊接技术的特点。
>
> 了解和掌握焊接接头、坡口、焊缝类型。
>
> 了解焊缝符号和焊接方法代号。
>
> 了解焊接工作场地中的危害。
>
> 掌握焊接操作中的安全要求和劳动保护措施。

◉ 任务1 焊接概述

1. 焊接的定义

在工业生产中，经常需要将两个或两个以上的零件按一定形式和位置连接起来，根据连接的特点，可以分为可拆卸连接和永久性连接两类。

可拆卸连接，即不必毁坏零件就可以进行拆卸，包括螺栓连接、键连接等，如图1-1所示；永久性连接，即拆卸只有在毁坏零件后才能实现，包括铆接、焊接等，如图1-2所示。

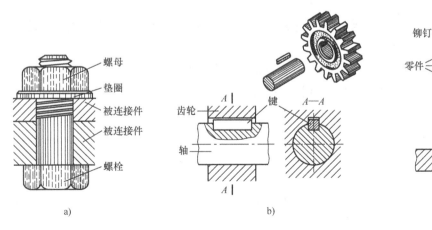

图 1-1　可拆卸连接

a）螺栓连接　b）键连接

图 1-2　永久性连接

a）铆接　b）焊接

焊接就是通过加热或加压，或两者并用，用或不用填充材料，使工件达到接合的一种工艺方法。

在工业生产中，焊接作为金属连接的一种重要工艺方法，是一门综合性应用技术。焊接不仅可以连接金属材料，而且可以实现某些非金属材料的永久性连接，如塑料焊接、玻璃焊接、陶瓷焊接等。

2. 焊接的分类

按照焊接过程中金属所处的状态不同，可以把焊接分为熔焊、压焊、钎焊三类，如图1-3所示。

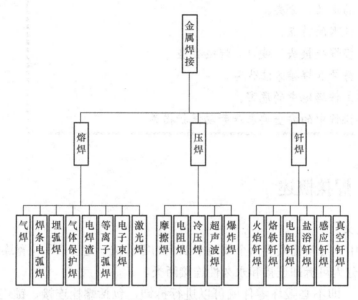

图 1-3　焊接的分类

（1）熔焊　焊接时，将待焊处的母材金属熔化以形成焊缝的焊接方法。常见的气焊、焊条电弧焊、气体保护焊等都属于熔焊。

（2）压焊　焊接时，必须对工件施加压力（加热或不加热）以完成焊接的方法。电阻焊、摩擦焊等都属于压焊。

（3）钎焊　焊接时，采用比母材熔点低的金属材料做钎料，将工件与钎料加热到高于钎料熔点、低于母材熔点的温度，利用液态钎料润湿母材，填充间隙，并与母材相互扩散实现连接的焊接方法。火焰钎焊、烙铁钎焊等都属于钎焊。

3. 焊接技术的特点

焊接是目前应用极为广泛的一种永久性连接方法。焊接方法与其他连接方法相比，具有以下优点。

1）通过焊接，可将多种不同形状与厚度的钢材连接起来，也可将不同种类的金属材料连接起来，从而使金属结构上的材料分布、性能匹配更合理。

2）焊接的工件，刚性大、整体性好，能够保证气密性和水密性要求。

3）通过焊接的工件，不需要附加连接件，可以节省金属材料。

4）焊接一般不需要大型设备，设备投资少。

5）通过焊接可以生产其他加工方法难于制造的大型设备、结构复杂设备，对于几何尺寸大的结构可以"以小拼大"。

6）焊接的工艺过程易实现机械化和自动化，可大幅提高生产率，降低操作者的劳动强度。

焊接也存在以下的不足之处。

1）焊接过程是一个不均匀加热和冷却的过程，必然会产生焊接残余应力和焊接残余变形。

2）焊接接头要经过冶炼、凝固和热处理三个阶段，所以焊缝中难免产生各类焊接缺欠，导致结构形成应力集中。

3）焊接会改变材料的部分性能，使焊接接头附近变成一个不均匀体，包括几何形状不均匀性、力学的不均匀性、化学的不均匀性以及金属组织的不均匀性。

4）焊接过程中会产生有毒有害物质，对环境和操作者的身体造成伤害。

4. 焊接技术发展趋势

现代焊接技术出现于 19 世纪末，经过一百多年的发展已经成为工业生产中不可缺少的加工工艺。全球每年生产的钢材有超过 60%与焊接相关，并在逐年提高。

现阶段焊接技术的发展进步，主要表现在新方法、新技术的应用，设备的机械化、自动化程度不断提高和应用范围日益扩大等几个方面。新能源的开发和应用，为焊接新方法的研制提供了理论与物质基础，从而使焊接技术的应用范围不断扩大，而对于高、新、精产品的需求，也对焊接技术提出了更高的要求。

1）提高焊接生产率是推动焊接技术发展的重要驱动力。提高生产率有两条途径。第一个途径是提高焊接熔敷率。例如三丝埋弧焊，其工艺参数分别为 220A/33V、1400A/40V、1100A/45V。采用小断面坡口、背后设置挡板或衬垫，50~60mm 的钢板可一次焊透成形，其熔敷率是焊条电弧焊的 100 倍以上。第二个途径则是减少坡口断面及金属熔敷，最突出的成就就是窄间隙焊接。窄间隙焊接以气体保护焊为基础，利用单丝、双丝、三丝进行焊接，无论接头厚度如何，均可采用对接形式，所需熔敷金属量成数倍、数十倍降低，从而大大提高生产率。

2）提高准备车间的机械化，自动化水平。准备车间的主要工序包括材料运输，材料表面去油，喷砂，涂保护漆；钢板划线，切割，开坡口；部件组装及点固等。以上工序实现机械化、自动化，不仅提高了产品的生产率，更重要的是提高了产品的质量。

3）焊接过程自动化、智能化是提高焊接质量稳定性，解决恶劣劳动条件的重要方向。

4）新兴工业的发展不断推动焊接技术的前进。微电子工业的发展促进微型连接工艺和设备的发展；陶瓷材料和复合材料的发展促进了真空钎焊、真空扩散焊的发展；宇航技术的发展也将促进空间焊接技术的发展。

5）热源的研究与开发是推动焊接工艺发展的根本动力。焊接工艺几乎运用了世界上一切可以利用的热源，包括火焰、电弧、电阻、超声波、摩擦、等离子、电子束、激光束、微波等。历史上每一种热源的出现，都伴有新的焊接工艺的出现。但是，至今焊接热源的开发与研究并未终止。

6）节能技术是普遍关注的问题。利用电子技术的发展，将交流点焊机改成次级整流点焊机，可以提高焊机的功率因数，减少焊机容量。逆变焊机可以减少焊机的质量，提高焊机的功率因数和控制性能，目前已广泛应用于生产。

任务2　焊接接头及焊缝位置

由两个或两个以上工件通过焊接方法连接而形成的接头，称为焊接接头。焊接接头由焊缝金属、熔合区（熔合线）和热影响区组成，如图1-4所示。

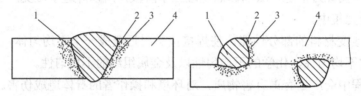

图 1-4　焊接接头

1—焊缝金属　2—熔合区　3—热影响区　4—母材金属

1. 焊接接头的基本类型

决定焊接接头类型的因素有焊接结构的形式、几何形状、焊接方法、焊接位置、焊接条件等。

焊接接头的基本类型有五种，即对接接头、搭接接头、T形（十字）接头、角接接头和端接接头，如图1-5所示。

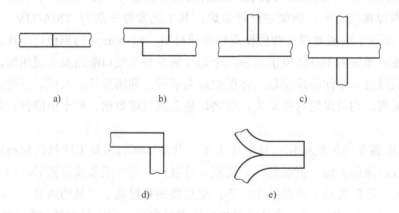

图 1-5　焊接接头的基本类型

a）对接接头　b）搭接接头　c）T形（十字）接头　d）角接接头　e）端接接头

1）对接接头。两工件相对端面焊接起来，并大致构成接近180°夹角的接头称为对接接头。

2）搭接接头。两工件部分重叠起来进行焊接所形成的接头称为搭接接头。

3）T形（十字）接头。一个工件的端面与另一工件的表面构成直角或近似直角的接头称为T形（十字）接头。

4）角接接头。两工件端面构成 30°～135°夹角的接头称为角接接头。

5）端接接头。两工件重叠放置或两工件表面之间的夹角不大于 30°构成的端部接头称为端接接头。

2. 坡口的基本类型

根据设计或工艺要求，在工件的待焊部位加工并装配成的一定几何形状的沟槽称为坡口。坡口是为了保证电弧能深入接头根部，使根部焊透并便于清渣，以获得较好的焊接质量。坡口还能起到调节焊缝金属中母材金属与填充金属比例的作用。

坡口的基本类型有 I 形、V 形、U 形等几种，如图 1-6 所示。通过不同的组合和是否有钝边，可以组合成工艺需要的坡口形式。

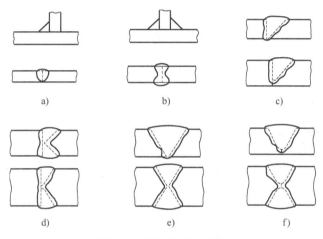

图 1-6　坡口的基本类型

a）I 形坡口（单面焊）　b）I 形坡口（双面焊）　c）单边 V 形坡口

d）双面单边 V 形坡口（K 形坡口）　e）V 形坡口　f）U 形坡口

在焊接坡口的选择上应考虑以下原则：

1）保证焊缝质量。满足焊接质量要求是选择坡口形式和尺寸首先需要考虑的原则，也是选择坡口的最基本原则。

2）便于焊接施工。对于不能翻转或内径较小的容器，为避免大量的仰焊工作和便于单面焊双面成形的工艺方法，宜采用 V 形或 U 形坡口。

3）坡口加工简单。由于 V 形坡口是加工最简单的一种坡口，因此应尽量选用 V 形坡口。

4）坡口的断面面积尽可能小。坡口的断面面积小可以降低焊接材料的消耗，减少焊接工作量。

5）便于控制焊接变形。不适当的坡口形式容易产生较大的焊接变形。

3. 焊缝的基本类型

工件经焊接后所形成的接合部分称为焊缝。焊缝是构成焊接接头的主体部分，按工作性质可分为工作焊缝、联系焊缝、密封焊缝和定位焊缝，按照接头形式可分为对接焊缝、角焊缝、端接焊缝和塞焊缝，如图 1-7 所示。

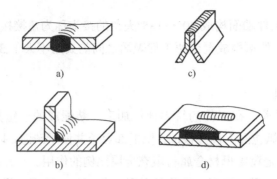

图 1-7　焊缝的基本类型

a）对接焊缝　b）角焊缝　c）端接焊缝　d）塞焊缝

4. 焊接位置

焊接时，工件接缝所处的空间位置称为焊接位置。对接焊缝的焊接位置一般为平焊、立焊、横焊和仰焊，如图 1-8 所示。对于角焊缝有平角焊、立角焊、仰角焊、船型焊等。

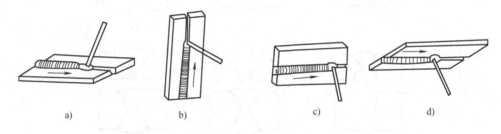

图 1-8　对接焊缝的焊接位置

a）平焊　b）立焊　c）横焊　d）仰焊

5. 焊缝符号和焊接方法代号

焊缝符号和焊接方法代号是供焊接结构图样上使用的统一符号和代号，也是一种工程语言。

在我国，焊缝符号和焊接方法代号分别由 GB/T 324—2008《焊缝符号表示法》和 GB/T 5185—2005《焊接及相关工艺方法代号》进行了规定。

通过焊缝符号与焊接方法代号配套使用就能简单明了地在图样上表示出焊接方法、焊缝形式、焊缝尺寸、焊缝表面状态、焊缝位置等内容。

焊缝符号一般包括基本符号、补充符号、尺寸符号和指引线等。

焊接方法代号按电弧焊 1、电阻焊 2、气焊 3、压焊 4、高能束焊 5、其他焊接方法 7、切割与气割 8、硬钎焊、软钎焊及钎焊等 9 几个大类进行分类。如 111 为焊条电弧焊，135 为熔化极非惰性气体保护电弧焊（MAG），141 为钨极惰性气体保护电弧焊（TIG），21 为点焊，311 为氧乙炔焊等。

◉ 任务 3　焊接安全生产技术

在焊接过程中可能会产生弧光辐射、高频电磁场、噪声、射线、粉尘和有害气体等，还有可能发生触电、爆炸、烧伤、中毒和机械损伤等事故，以及产生尘肺、慢性中毒等职业病。这些都严重地危害着焊工及其他人员的生命安全与健康，必须加强各项安全防护措施和组织措施，加强焊接技术人员的责任感，防止事故和灾害的发生。

1. 焊接工作场地的危害因素

（1）弧光辐射　弧光辐射是所有明弧焊共同具有的有害因素。焊条电弧焊的电弧温度达 5 000～6 000℃，可产生较强的弧光辐射。弧光辐射作用到人体上，被体内组织吸收，引起组织作用，致使人体组织发生急性或慢性的损伤。焊接过程中的弧光辐射由紫外线、红外线和可见光等组成。

焊接电弧产生的强烈紫外线的过度照射，会造成皮肤和眼睛的伤害。皮肤受强烈紫外线作用时，可引起皮炎、红斑等，并会形成不褪的色素沉积。紫外线的过度照射还会引起眼睛的急性角膜炎，称为电光性眼炎，损害眼睛的结膜与角膜。

皮肤表面吸收长波红外线产生热的感觉；组织可吸收短波红外线，使血液和海绵组织损伤。眼部长期接触红外线可能造成红外线白内障，使视力减退。

（2）高频电磁场　氩弧焊和等离子弧焊都广泛采用高频振荡器来激发引弧。人体在高频电磁场的作用下能吸收一定的辐射能量，产生生物学效应。长期接触强度较大的高频电磁场，会引起头晕、头痛、疲劳乏力、心悸、胸闷、神经衰弱及自主神经功能紊乱。

（3）噪声　噪声存在于一切焊接工艺中，其中尤以旋转直流电弧焊、等离子弧切割、碳弧气刨、等离子弧喷涂噪声强度为最高。

噪声对人体的影响是多方面的。首先是对听觉器官的影响，强烈的噪声可以引起听觉障碍、噪声性外伤、耳聋等症状。此外，噪声对中枢神经系统和血管系统也有不良作用，引起血压升高、心跳过速，还会使人厌倦、烦躁等。

（4）射线　焊接工艺过程的放射性危害，主要来自氩弧焊与等离子弧焊时的钍放射性污染和电子束焊接时的 X 射线。氩弧焊和等离子弧焊使用的钍钨电极中的钍是天然放射性物质，其蒸发产生放射性气溶胶、钍射气。同时，钍及其蜕变产物会产生 α、β、γ 射线。人体受到的射线辐射剂量不超过允许值时，不会对人体产生危害。但是，人体长期受到超过允许剂量的照射，则可造成中枢神经系统、造血器官和消化系统的疾病。电子束焊时，产生的低能 X 射线对人体只会造成外照射，危害程度较小，主要引起眼睛晶状体和皮肤损伤。如长期接受较高能量的 X 射线照射，则可出现神经衰弱和白细胞下降等症状。

（5）粉尘及有害气体　焊接电弧的高温将使金属剧烈蒸发，焊条和母材在焊接时也会产生各种金属气体和烟雾，它们在空气中冷凝并氧化成粉尘；电弧产生的辐射作用于空气中的氧和氮，将产生臭氧和氮的氧化物等有害气体。

粉尘及有害气体的多少与焊接参数、焊接材料的种类有关。例如，用碱性焊条焊接时产生的有害气体比酸性焊条高；气体保护焊时，保护气体在电弧高温作用下能离解出对人体有害的气体。焊接粉尘和有害气体如果超过一定浓度，而工人又在这些条件下长期工作，没有良好的保护条件，焊工就容易得尘肺病、锰中毒、焊工金属热等职业病，影响焊工的身心健康。

2. 焊接生产的劳动保护

焊工职业病的发生主要取决于以下因素：焊接粉尘和气体的浓度与性质及其污染程度；焊工接触有害污染的机会和持续时间；焊工个体体质与个人防护状况；焊工所处生产环境的优劣以及各种有害因素的相互作用。只有在焊工生产环境很差或缺乏劳动保护的情况下长期作业，才有引起职业病的可能。

（1）弧光辐射的防护　为了防止电弧对眼睛产生伤害，焊工在焊接时必须使用镶有特制滤光镜片的面罩。焊工身着有隔热和屏蔽作用的工作服，以保护人体免受弧光辐射和飞溅物等伤害。主要防护措施有护目镜、防护工作服、电焊手套、工作鞋等。有条件的车间还可以采用不反光而又能吸收光线的材料作为室内墙壁的饰面来进行车间弧光防护。

（2）高频电磁场的防护　为防止高频振荡器的电磁辐射对作业人员的不良影响与危害，可采取如下措施。

1）使工件良好接地，能降低高频电流，对地的高频电位也可大幅度地降低，从而减少高频感应的有害影响。

2）在不影响使用的情况下，降低振荡器频率。脉冲频率越高，通过空间与绝缘体的能力越强，对人体的影响越大。因此，降低振荡器频率能使情况有所改善。

3）采用细铜线编织软线，套在电缆胶管外面，可大大减少高频电磁场对人体的影响。

4）降低作业现场的温度和湿度。温度越高，身体所表现的症状越突出；湿度越大，越不利于人体散热。所以，加强通风降温，控制作业场所的温度和湿度，可以有效减少高频电磁场对身体的影响。

（3）噪声的控制　焊接车间的噪声不得超过 90dB（A）。控制噪声的方法有以下几种。

1）采用低噪声工艺及设备。如采用热切割代替机械剪切；采用电弧气刨、热切割坡口代替铲坡口；采用整流、逆变电源代替旋转直流电焊机等。

2）采取隔声措施。对分散布置的噪声设备，宜采用隔声罩；对集中布置的高噪声设备，宜采用隔声间；对难以采用隔声罩或隔声间的某些高噪声设备，宜在声源附近或受声处设置隔声屏障。

3）采取吸声降噪措施，降低室内混响声。

4）操作者应佩戴隔声耳罩或隔声耳塞等个人防护器具。

（4）射线的防护　防护射线主要可采取以下措施。

1）综合性防护。如用薄金属板制成密封罩，在其内部完成施焊；将有害气体、烟尘及放射性气溶胶等最大限度地控制在一定空间，通过排气、净化装置排到室外。

2）钍钨极储存点应固定在地下室封闭箱内，钍钨极修磨处应安装除尘设备。

3）对真空电子束焊等放射性强的作业点，应采取屏蔽防护。

（5）粉尘及有害气体的防护　减少粉尘及有害气体的措施有以下几点。

1）首先设法降低焊接材料的发尘量和烟尘毒性，如低氢型焊条内的萤石和水玻璃是强烈的发尘致毒物质，所以应尽可能采用低尘、低毒、低氢型焊条，如"E5015"低尘焊条。

2）从工艺上着手，提高焊接机械化和自动化程度。

3）加强通风，采用换气装置把新鲜空气输送至厂房或工作场地，并及时把有害物质和被污染的空气排出。通风可采取自然通风和机械通风,可全部通风也可局部通风。目前,采用较多的是局部机械通风。

3. 建立焊接安全责任制

安全责任制是把"管生产的必须管安全"的原则从制度上固定下来,是一项重要的安全制度。通过建立焊接安全责任制,对企业中各级领导、职能部门和有关工程技术人员等,在焊接安全工作中应负的责任明确地加以确定。

工程技术人员在从事产品设计、选择焊接方法、确定施工方案、制订焊接工艺规程、选用和设计工夹具等时,必须同时考虑安全技术要求,并应当有相应的安全措施。

总之,企业各级领导、职能部门和工程技术人员必须保证认真贯彻执行与焊接有关的现行劳动保护法令中所规定的安全技术标准和要求。

4. 焊接安全操作规程

焊接安全操作规程是人们在长期从事焊接操作实践中,为克服各种不安全因素和消除工伤事故的科学经验总结。经多次分析研究事故的原因表明,焊接设备和工具的管理不善以及操作者失误是产生事故的两个主要原因。因此,建立和执行必要的安全操作规程,是保障焊工安全健康和促进安全生产的一项重要措施。

应当根据不同的焊接工艺来建立各类安全操作规程,如气焊与气割的安全操作规程、焊条电弧焊安全操作规程及气体保护焊安全操作规程等。

5. 焊接工作场地的组织

安全规程中规定:车辆通道的宽度不小于 3m,人行通道的宽度不小于 1.5m;操作现场的所有气焊胶管、焊接电缆线等,不得相互缠绕;用完的气瓶应及时移出工作场地,不得随便横躺竖放;焊工作业面积不应小于 $4m^2$,地面应基本干燥。

在焊割操作点周围 10m 直径的范围内严禁堆放各类可燃易爆物品,如木材、油脂、棉丝、保温材料和化工原料等。如果不能清除时,应采取可靠的安全措施。若操作现场附近有隔热保温等可燃材料的设备和工程结构,必须预先采取隔绝火星的安全措施,防止在其中隐藏火种,酿成火灾。

室外作业时,操作现场的地面作业、登高作业以及起重设备的吊运工作之间,应密切配合,秩序井然而不得杂乱无章。在地沟、坑道、检查井、管段或半封闭地段等处作业时,应先用仪器判明其中有无爆炸和中毒的危险。用仪器进行检查分析时,禁止用火柴、燃着的纸张及在不安全的地方进行检查。施焊现场附近敞开的孔洞和地沟,应用石棉板盖严,防止焊接时火花进入其内。

6. 焊接人员"十不焊割"

1)焊工未经安全技术培训考试合格,领取操作证者,不能焊割。

2)在重点要害部门和重要场所,未采取措施,未经单位有关领导、车间、安全和保卫部门批准和办理动火证手续者,不能焊割。

3)在容器内工作,没有 12V 低压照明、通风不良及无人在外监护,不能焊割。

4)未经领导同意,车间、部门擅自拿来的物件,在不了解其使用情况和构造的情况下,不能焊割。

5）盛装过易燃、易爆气体（固体）的容器管道，未经用碱水等彻底清洗和处理，未消除火灾爆炸危险的，不能焊割。

6）用可燃材料充当保温层、隔热和隔声设备的部位，未采取切实可靠的安全措施，不能焊割。

7）有压力的管道或密闭容器，如空气压缩机、高压气瓶、高压管道、带气锅炉等，不能焊割。

8）焊接场所附近有易燃物品，未清除或未采取安全措施，不能焊割。

9）在禁火区内（防爆车间、危险品仓库附近）未采取严格隔离等安全措施，不能焊割。

10）在一定距离内，有与焊割明火操作相抵触的工种（如汽油擦洗、喷漆、灌装汽油等能排出大量易燃气体）时，不能焊割。

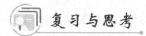

复习与思考

1）什么是焊接？

2）焊接方法可分为哪几大类？各有哪些特点？

3）什么是焊接接头？焊接接头由哪些部分组成？

4）什么是焊接坡口？如何选择焊接坡口形式？

5）什么是焊缝？焊缝如何分类？

6）焊接工作场地，会产生哪些对人体健康的危害？

项目 2　气焊与气割

学习目标 《

> 了解气焊、气割用气体。
> 了解气焊、气割设备。
> 掌握气焊、气割设备的连接方法。
> 了解气割原理。
> 了解气割的特点和应用。
> 掌握钢板的气割、型钢的气割。

任务 1　气焊、气割概述

利用可燃气体与助燃气体混合燃烧所释放出的热量作为热源进行金属材料的焊接或气割，是金属材料热加工常用的工艺方法之一。

1. 气焊、气割用气体

气焊、气割用气体由助燃气体（氧气）和可燃气体（乙炔、液化石油气等）两部分组成。可燃气体的种类很多，其中乙炔是目前最常用的可燃气体。可燃气体的发热量及火焰温度见表 2-1。

表 2-1　可燃气体的发热量及火焰温度

气体	乙炔	氢	丙烷、丁烷	煤气	沼气
发热量/（J/L）	52753	10048	≈8876	20934	33076
火焰温度/℃	3200	2160	2000	2100	2000

（1）氧气　氧气是气焊、气割时必须使用的气体。工业用氧气的纯度分为两级，一级纯度质量分数不低于 99.5%，二级纯度质量分数不低于 98.5%。气焊、气割要求选用高纯度的氧气。高纯度氧气用于质量要求较高的工件的加工。

（2）乙炔　乙炔是一种不饱和的碳氢化合物，分子式为 C_2H_2。工业用乙炔都混有硫化氢、磷化氢等杂质，有刺鼻气味。乙炔是一种危险的易燃、易爆气体，在使用过程中必须注意安全。

（3）液化石油气　液化石油气的主要成分是丙烷和丁烷等碳氢化合物，略带臭味。液化石油气同样具有爆炸性，但相对于乙炔要安全一些，并且价格较低，气割时质量较好，在气割中有较多应用。

2. 气焊用焊接材料

气焊用焊接材料主要有气焊丝和气焊熔剂。

（1）气焊丝 气焊时，焊丝不断地送入熔池，并与熔化的母材金属熔合形成焊缝。焊缝的质量在很大程度上与焊丝的化学成分和质量有关，因此正确选择气焊丝是非常重要的。

选择气焊丝要遵循以下原则。

1）考虑母材金属的力学性能。气焊丝的化学成分是影响焊接接头力学性能的主要因素，因此应根据工件的成分来选择焊丝，同时还要考虑工件的受力情况，以保证符合工件力学性能的要求。

2）考虑焊接性。考虑焊缝金属和母材金属的熔合及其组织的均匀性，一般要求焊丝的熔点应等于或略低于母材金属。

3）考虑工件的特殊要求。焊接时对介质和温度有特殊要求的工件，应选用能满足这些要求的焊丝。

常用的气焊丝有碳素结构钢焊丝、合金结构钢焊丝、不锈钢焊丝、铜及铜合金焊丝、铝及铝合金焊丝和铸铁焊丝，见表2-2。

表2-2 气焊丝的牌号及用途

气焊丝类型	牌 号	用 途
碳素结构钢焊丝	H08	焊接一般低碳钢结构
	H08A	焊接较重要的低、中碳钢及某些低合金结构钢
	H08E	用途与H08A相同，工艺性能较好
	H08Mn	焊接较重要的碳素钢及普通低合金结构钢
	H08MnA	用途与H08Mn相同，但工艺性能较好
	H15A	焊接中等强度工件
	H15Mn	焊接高强度工件
合金结构钢焊丝	H10Mn2	用途与H08Mn相同
	H10Mn2MoA	焊接普通低合金钢
	H08CrMoA	焊接铬钼钢
	H18CrMoA	焊接铬钼钢、铬锰硅钢
	H30CrMnSiA	焊接铬锰硅钢
	H10MoCrA	焊接耐热合金钢
不锈钢焊丝	H00Cr19Ni9	焊接超低碳不锈钢
	H0Cr19Ni9	焊接18-8型不锈钢
	H1Cr19Ni9Ti	
	H1Cr24Ni13	焊接高强度结构钢、耐热合金钢
	H1Cr26N21	
铜及铜合金焊丝	HS201	纯铜的氩弧焊及气焊
	HS202	纯铜的气焊及碳弧焊
	HS221	黄铜的气焊及碳弧焊，铜、钢等的钎焊，HS222流动性较好，HS224能获得较好的力学性能
	HS222	
	HS224	

（续）

气焊丝类型	牌　号	用　途
铝及铝合金焊丝	HS301	纯铝的氩弧焊及气焊
	HS311	焊接除铝镁合金外的铝合金
	HS321	铝锰合金的氩弧焊及气焊
	HS331	焊接铝锰合金及铝锌镁合金
铸铁焊丝	RZC-1	补焊灰铸铁
	RZC-2	
	HS401	
	HS402	补焊球墨铸铁

（2）气焊熔剂　气焊熔剂是气焊时的助熔剂，其作用是与熔池内的金属氧化物或非金属夹杂物相互作用生成熔渣，覆盖在熔池表面，使熔池与空气隔绝，因而能有效地防止熔池金属继续氧化，改善焊缝质量。

常用的气焊熔剂有熔剂 101（CJ101，用于不锈钢及耐热钢），熔剂 201（CJ201，用于铸铁），熔剂 301（CJ301，用于铜及铜合金）和熔剂 401（CJ401，用于铝及铝合金）。

3. 气焊（气割）设备及工具

气焊（气割）设备及工具主要由氧气钢瓶、氧气减压器、乙炔钢瓶（或液化石油气钢瓶等）、乙炔减压器（或液化石油气减压器等）、焊炬（割炬）、氧气胶管、乙炔胶管等组成，如图 2-1 所示。

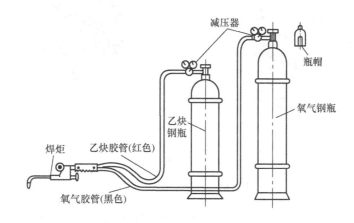

图 2-1　气焊设备及工具

（1）氧气钢瓶　氧气钢瓶是储存和运输氧气的一种高压容器。氧气钢瓶外表面涂成天蓝色，瓶体上用黑漆标注"氧气"字样，如图 2-2 所示。

（2）乙炔钢瓶　乙炔钢瓶是储存和运输乙炔的一种高压容器。乙炔钢瓶外表面涂成白色，瓶体上用红漆标注"乙炔"和"不可近火"字样，如图 2-2 所示。

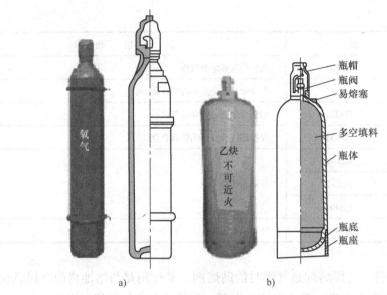

图 2-2　氧气钢瓶、乙炔钢瓶

a）氧气钢瓶　b）乙炔钢瓶

（3）氧气减压器、乙炔减压器　氧气减压器、乙炔减压器又称为压力调节器，是一种将气瓶内的高压气体降为工作时的低压气体的调节装置，如图 2-3 所示。

图 2-3　氧气减压器、乙炔减压器

a）氧气减压器　b）乙炔减压器

（4）焊炬、割炬　焊炬、割炬是控制火焰进行焊接（气割）的工具，如图 2-4 所示。

（5）胶管　胶管是输送氧气或乙炔到焊炬和割炬的连接管。根据 GB/T 2550—2007《气体焊接设备焊接、气割和类似作业用橡胶软管》规定，氧气管为蓝色或黑色胶管，乙炔管为红色胶管。

4. 设备及工具的连接

气焊（气割）设备及工具在使用时，需要进行正确的连接和安装，方法如下。

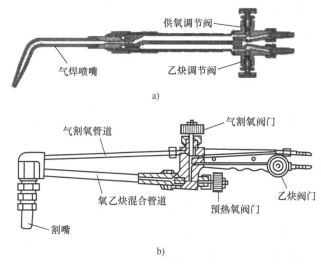

图 2-4　焊炬、割炬

a）焊炬　b）割炬

1）先分别固定好氧气钢瓶和乙炔钢瓶。

2）吹去钢瓶出气口附近的灰尘污物，检查减压器调节螺钉是否已经旋松，然后分别安装氧气减压器和乙炔减压器，其中氧气减压器要与钢瓶螺纹联接五扣以上。

3）检查胶管，胶管内不得有杂质、油污。需对照胶管颜色连接，要注意胶管不得混用。胶管与接头要用专用夹头夹紧。

4）检查胶管的另一端和焊炬（割炬），把焊炬（割炬）与胶管连接到一起，接头同样用专用夹头夹紧。

5）检查焊炬（割炬）的旋钮是否关紧，检查减压器的调节螺钉是否旋松。

6）一切正常后，分别打开氧气钢瓶阀门和乙炔钢瓶阀门，同时检查有无漏气现象。氧气阀门要旋转一圈以上，乙炔阀门一般旋转不超过 3/4 圈。

7）根据气焊（气割）参数要求，调整调节螺钉，达到要求后，检查胶管和胶管连接处、焊炬（割炬）是否漏气。检查合格后，即可进行操作。

任务 2　气割

气割是利用火焰的热能将工件切割处预热到一定温度后，喷出高速切割氧流，使其燃烧并放出热量实现切割的方法。

1. 气割原理

氧气切割是一种常用的切割方法。图 2-5 所示为氧气切割原理简图。氧气切割过程包括预热→燃烧→吹渣三个过程。

（1）预热　气割开始时，先用预热火焰将起割处的金属预热到燃烧温度（燃点）。

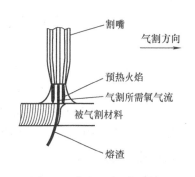

图 2-5　氧气切割原理简图

（2）燃烧　向被加热到燃点的金属喷射气割氧，使金属在纯氧中剧烈燃烧氧化。

（3）吹渣　金属燃烧氧化后，生成熔渣并放出大量的热，熔渣被气割氧吹掉，所产生的热量和预热火焰的热量将下层金属加热到燃点，经过燃烧氧化→吹掉→燃烧氧化的过程，将金属逐渐地割穿。随着割炬的移动，这一过程一直延续，就切割出了所需的形状和尺寸。

从上述过程可以看出，气割的实质是金属在纯氧中燃烧氧化，氧化物被吹掉的过程，而不是金属的熔化过程。

2. 气割的特点及应用

（1）气割的条件　气割过程是预热→燃烧→吹渣的过程，但并不是所有金属都能满足这个过程的要求，只有符合下列条件的金属才能进行气割。

1）金属在氧气中的燃烧点应低于其熔点。

2）气割时金属氧化物的熔点应低于金属的熔点。

3）金属在气割氧流中的燃烧应是放热反应。

4）金属的导热性不应太高。

5）金属中阻碍气割过程和提高钢的淬透性的杂质要少。

符合上述条件的金属有纯铁、低碳钢、中碳钢和低合金钢等。

（2）气割的优点

1）切割钢铁的速度比其他机械切割方法速度快，因此效益高。

2）对于机械切割方法难于产生的切割形状和达到的切割厚度，气割可以很经济地实现。

3）气割设备投资成本比机械切割低，并且设备移动方便，可用于野外作业。

4）切割过程中，可以在一个很小的半径范围内快速改变切割方向。

5）通过移动切割设备和工具，而不是移动金属板实现现场快速切割大金属板。

6）气割过程可以手动或自动操作。

（3）气割的缺点

1）尺寸公差要明显低于机械工具切割。

2）预热火焰及排出的红热熔渣可能对操作人员造成烧伤和造成设备的烧损，同时有发生火灾的危险。

3）气割时，气体的燃烧和金属氧化会产生一些有毒害的气体及粉尘，需要适当的烟气控制和排风设施。

4）由于受切割材料限制，气割工艺在工业上基本限于切割钢铁。

5）由于胶管长度的限制，气割不推荐用于大范围的远距离切割。

（4）气割的应用　气割的效率高、成本低、设备简单并能在各种位置进行切割的特点，使气割在企业中有着广泛的应用，尤其是在备件制作的下料、对装以及各种拆除、清理、安装作业，特别是在工作条件较差的环境下作业都是必不可少的工艺。现在自动与半自动气割越来越多，但是手工作业还不能被替代。

3. 气割主要技术数据和火焰

（1）主要技术数据 在实际操作中，要根据待割工件的厚度来确定选用割炬以及割嘴的型号。不同的割炬及割嘴需要不同的气割技术数据，见表 2-3。

表 2-3 普通割炬型号及主要技术数据

割炬型号	射吸式割炬										等压式割炬		
	G01-30			G01-100			G01-300				GD1-100		
割嘴代号	1	2	3	1	2	3	1	2	3	4	1	2	3
割嘴直径/mm	0.6	0.8	1.0	1.0	1.3	1.6	1.8	2.2	2.6	3.0	0.8	1.0	1.2
切割厚度范围/mm	2~10	10~20	20~30	10~25	25~50	50~100	100~150	150~200	200~250	250~300	5~10	10~25	25~40
氧气压力/MPa	0.2	0.25	0.3	0.2	0.35	0.5	0.5	0.65	0.8	1.0	0.25	0.3	0.35
乙炔压力/MPa	0.001~0.1			0.001~0.1			0.001~0.1				0.025~0.1	0.03~0.1	0.04~0.1
割嘴形状	环形			梅花形和环形			梅花形				梅花形		

（2）火焰种类 无论是气焊还是气割，都是利用氧与乙炔混合燃烧所产生的火焰。根据氧与乙炔混合比的大小不同，可得到三种不同性质的火焰，即中性焰、碳化焰和氧化焰。三种火焰的外形、构造及温度都有很大的不同，如图 2-6 所示。

1）中性焰。中性焰是氧与乙炔混合比（O_2 / C_2H_2）为 1.1~1.2 时燃烧所形成的火焰。中性焰在第一燃烧阶段既无过剩的氧又无游离的碳。当氧与丙烷混合比（O_2 / C_3H_8）为 3.5 时，也可得到中性焰。

氧乙炔火焰有三个区域，分别为焰心、内焰和外焰。

①焰心。中性焰的焰心呈尖锥形，色白而明亮，轮廓清楚。焰心由氧气和乙炔组成。焰心外表分布一层由乙炔分解所生成的炭粒，由于炽热的炭粒发出明亮的白光，因而有明亮而清楚的轮廓。

②内焰。内焰主要由乙炔的不完全燃烧产物组成，即由来自氧气和乙炔初步化学反应所生成的一氧化碳和氢气所组成。调整氧和乙炔的比例，使内焰缩小，接近于与焰心重合，这时焰心与内焰已无明显的界线。内焰处于焰心前 2~4mm 的部位，燃烧最为激烈，温度也最高，可达 3 100~3 150℃。

③外焰。外焰处在内焰的外部，来自内焰燃烧生成的一氧化碳和氢气与空气中的氧充分燃烧。即进行第二阶段的燃烧，外焰燃烧的生成物是二氧化碳和水。外焰温度为 1 200~2 500℃。

2）碳化焰。碳化焰是氧与乙炔混合比（O_2 / C_2H_2）小于 1.1 时燃烧所形成的火焰。因为

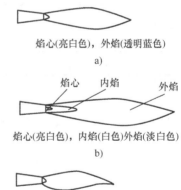

焰心(亮白色)，外焰(透明蓝色)

a)

焰心 内焰 外焰

焰心(亮白色)，内焰(白色)外焰(淡白色)

b)

焰心(亮白色)外焰(淡蓝色)

c)

图 2-6 火焰的种类、外形和构造
a）中性焰 b）碳化焰 c）氧化焰

乙炔有过剩量，所以燃烧不完全。碳化焰中含有游离碳，具有较强的还原作用和一定的渗碳作用。碳化焰的温度为 2 700～3 000℃。

3）氧化焰。氧化焰是氧与乙炔混合比（O_2 / C_2H_2）大于 1.2 时燃烧所形成的火焰。氧化焰中有过剩的氧，在尖形焰心外面形成了一个有氧化性的富氧区。氧化焰由于火焰中含氧较多，氧化反应剧烈，使焰心、内焰、外焰都缩短，内焰更是几乎看不到。氧化焰燃烧时发出急剧的"嘶嘶"声。氧气的比例越大，则整个火焰就越短，噪声也就越大。氧化焰的温度可达 3100～3400℃。由于氧气的供应量较多，使整个火焰具有氧化性。

（3）各种火焰的适用范围　中性焰、碳化焰、氧化焰因其性质不同，在操作中需要根据不同的材料选择不同的火焰，特别是在气焊时。各种金属材料气焊时火焰种类的选择见表 2-4。

表 2-4　各种金属材料气焊时火焰种类的选择

工件材料	应用火焰	工件材料	应用火焰
低碳钢	中性焰	铬镍不锈钢	中性焰或轻微碳化焰
中碳钢	中性焰或轻微碳化焰	纯铜	中性焰
低合金钢	中性焰	锡青铜	轻微氧化焰
高碳钢	轻微碳化焰	黄铜	氧化焰
灰铸铁	碳化焰或轻微碳化焰	铝及其合金	中性焰或轻微碳化焰
高速工具钢	碳化焰	铅、锡	中性焰或轻微碳化焰
锰钢	轻微氧化焰	镍	碳化焰或轻微碳化焰
镀锌薄钢板	轻微碳化焰	蒙乃尔合金	碳化焰
铬不锈钢	中性焰或轻微碳化焰	硬质合金	碳化焰

任务 3　钢板气割实训

由于氧气气割条件的要求，碳钢钢板成为气割加工工艺应用广泛的一种材料。

1. 气割工艺参数

气割工艺参数主要包括割炬型号和氧气压力、气割速度、预热火焰能率、割嘴与工件间的倾角、割嘴离工件表面的距离。

（1）割炬型号和氧气压力　工件越厚，割炬型号、割嘴代号、氧气压力越大。氧气压力与工件厚度、割炬型号、割嘴代号的关系见表 2-3。当工件较薄时，氧气压力可适当降低。但氧气压力不能过低，也不能过高。若氧气压力过高，则气割缝过宽，气割速度降低，不仅浪费氧气，同时还会使切口表面粗糙，而且还将对工件产生强烈的冷却作用。若氧气压力过低，会使气割过程中的氧化反应速度减慢，气割的氧化物熔渣吹不掉，在切口背面形成难以清除的熔渣黏结物，甚至不能将工件割穿。

（2）气割速度　一般气割速度与工件的厚度和割嘴形式有关。工件越厚，气割速度越慢，相反，气割速度应越快。气割速度由操作者根据切口的后拖量自行掌握。所谓后拖量，指在气割的过程中，在气割面上的气割氧气流轨迹的起点与终点在水平方向上的距离，如图 2-7 所示。

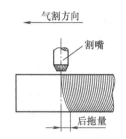

图 2-7　后拖量示意图

在气割时，后拖量是不可避免的，尤其是气割厚钢板时更为显著。合适的气割速度，应以使切口产生的后拖量比较小为原则。若气割速度过慢，会使切口边缘不齐，甚至产生局部熔化现象，割后清渣也较困难；若气割速度过快，会造成后拖量过大，使切口不光洁，甚至造成割不透。

总之，合适的气割速度可以保证气割质量，并能降低氧气的消耗量。

（3）预热火焰能率　预热火焰的作用是把金属工件加热至金属在氧气中燃烧的温度，并始终保持这一温度，同时还使金属表面的氧化皮剥离和熔化，便于气割氧气流与金属接触。

1）火焰的选择。气割时，预热火焰应采用中性焰或轻微氧化焰。碳化焰因有游离碳的存在，会使切口边缘增碳，所以不能采用。在气割过程中，要注意随时调整预热火焰，防止火焰性质发生变化。

2）火焰大小的选择。预热火焰的大小与工件的厚度有关。工件越厚，火焰应越大，但在气割时应防止火焰过大或过小的情况发生。如在气割厚钢板时，由于气割速度较慢，为防止切口上缘熔化，应相应使火焰降低；若此时火焰过大，会使切口上缘产生连续珠状钢粒，甚至熔化成圆角，同时还会造成切口背面黏附熔渣增多，从而影响气割质量。如在气割薄钢板时，因气割速度快，可相应增加火焰，但割嘴应离工件远些，并保持一定的倾斜角度；若此时火焰过小，使工件得不到足够的热量，就会使气割速度变慢，甚至使气割过程中断。

（4）割嘴与工件间的倾角　割嘴倾角的大小主要根据工件的厚度来确定。一般气割 4mm 以下厚度的钢板时，割嘴应后倾 10°～45°；气割 4～20mm 厚度的钢板时，割嘴应后倾 5°～10°；气割 30mm 左右厚度的钢板时，开始气割时可将割嘴前倾 5°～10°，待割穿后再将割嘴垂直于工件进行正常气割，当快割完时，割嘴可逐渐向后倾斜 5°～10°，如图 2-8 所示。

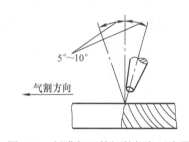

图 2-8　割嘴与工件间的倾角示意图

割嘴与工件间的倾角对气割速度和后拖量产生直接影响。如果倾角选择不当，不但不能提高气割速度，反而会增加氧气的消耗量，甚至造成气割困难。

（5）割嘴离工件表面的距离　通常割嘴离工件表面的距离应保持在 3～5mm 内，这样加热条件最好，而且渗碳的可能性也最小。如果焰心触及工件表面，不仅会引起切口上缘熔化，还会使切口渗碳的可能性增加。气割薄板时，由于气割速度较快，火焰可以长些，割嘴离工件表面的距离可以大些；气割厚板时，由于气割速度慢，为了防止切口上缘熔化，预热火焰应短些，割嘴离工件表面的距离应适当小些，这样可以保持气割氧气流的挺直度和氧气的纯度，使气割质量得到提高。

2. 低碳钢的气割

（1）10mm 厚钢板的气割　在厚度为 10mm、宽度为 100mm 的钢板上，用石笔绘制出清晰的待气割平行线，线与线的距离一般不小于 15mm，如图 2-9 所示；选用 G01-30 割炬，2 号割嘴；连接气割设备，氧气压力 0.25MPa，乙炔压力 0.01 MPa；气割火焰为中性焰，采用蹲姿，从右向左气割；割嘴角度为后倾 5°，割嘴距钢板的距离为 5mm；在钢板的右侧端部预热，钢板呈现暗红色时旋开气割氧气阀门，当钢板被割透后，以约 400mm/min 的速度进行气割，同时观察后拖量的大小（火花飞溅方向）以调整气割速度；气割到左侧边缘时，待钢板被整体割透后，关闭气割氧气阀门，完成本次操作。

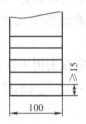

图 2-9　待气割线绘制

（2）3mm 厚钢板的气割　在 3mm 厚的钢板上，用石笔绘制出清晰的平行待气割线，线与线的距离一般不小于 10mm；选用 G01-30 割炬，1 号割嘴；连接气割设备，氧气压力 0.2MPa，乙炔压力 0.01MPa；气割火焰为中性焰，采用蹲姿，从右向左气割；割嘴角度为后倾 30°，割嘴距钢板的距离为 5~8mm；在钢板的右侧端部预热，钢板呈现暗红色时旋开气割氧气阀门，当钢板被割透后，以约 600mm/min 的速度进行气割，通过气割情况来调整气割速度；气割到左侧边缘时，待钢板被整体割透后，关闭气割氧气阀门，完成本次操作。

（3）25mm 厚钢板的气割　在 25mm 厚的钢板上，用石笔绘制出清晰的平行待气割线，线与线的距离一般不小于 20mm；选用 G01-100 割炬，2 号割嘴；连接气割设备，氧气压力 0.35MPa，乙炔压力 0.015 MPa；气割火焰为中性焰，采用蹲姿，从右向左气割；割嘴垂直，割嘴距钢板的距离为 5mm；在钢板的右侧端部预热，钢板呈现暗红色时旋开气割氧气阀门，当钢板被割透后，以约 200mm/min 的速度进行气割，同时观察后拖量的大小（火花飞溅方向）以调整气割速度；气割到左侧边缘时，待钢板被整体割透后，关闭气割氧气阀门，完成本次操作。

操作姿势要求（图 2-10 和图 2-11）：两脚距离同肩宽，两脚呈八字形自然深蹲，夹角为 70°~85°；右手握住割炬手柄，食指紧扣预热氧气阀门，右臂靠紧右膝；左手拇指和食指紧握气割氧气阀门，以便随时调整氧气量，其余手指托住割炬，左臂悬空；呼吸平稳，眼睛注视割嘴和工件，保证割嘴在割线上方平稳匀速运行。

图 2-10 气割操作时的正面图

图 2-11 气割操作时的侧身图

任务 4 型钢气割实训

1. 圆钢的气割

圆钢一般采用锯削的方式完成切割下料，但在一些特殊情况下，可以用氧乙炔气割进行下料。

（1）普通直径圆钢的气割 对于直径不大的圆钢，可以利用现有的割炬直接完成切割。

1）预热位置及角度。割炬水平放置，割嘴指向圆钢中部，使割嘴的延长线通过圆钢轴心，这样进行预热，可以有效地利用预热火焰，集中加热一点。如图 2-12 所示。

2）起割位置及角度。立起割炬，使割嘴处于后倾状态（与铅垂线成 20°~30°夹角），指向预热部位开始气割。

3）气割过程。随着气割进行，气割的割线长度（相当于钢板的厚度）会逐渐增加，割嘴的角度也要进行相应调整，到最大直径的位置时，使割嘴保持垂直。后一阶段割嘴保持垂直或微前倾，直至气割结束。

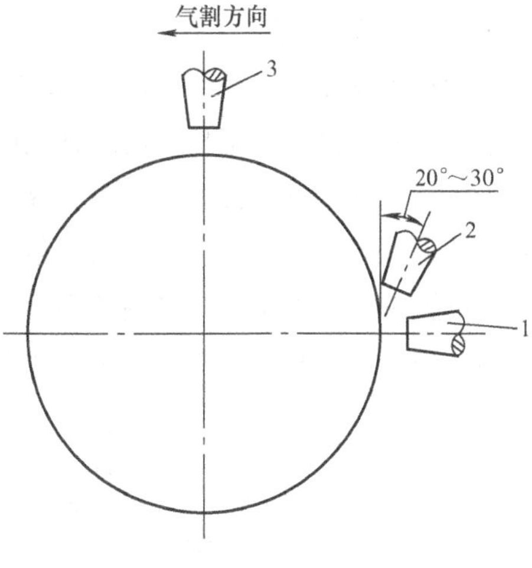

图 2-12 圆钢手工气割过程

1—预热位置 2—起割位置 3—最大直径位置

（2）大直径圆钢的气割 对于大直径的圆钢，由于割炬的气割厚度已经低于圆钢直径，这时就需要进行分段气割，如图 2-13 所示。

1）首先在 1 点进行预热，完成第一阶段的气割，即完成 A 区域的气割。

2）对气割后的工件进行仔细清理和检查。

3）对圆钢进行旋转，旋转角度为 90°，使 B 区域在上面。

4）在 2 点进行预热，完成第二阶段的气割，即完成 B 区域的气割，也就完成了大直径圆钢的气割。

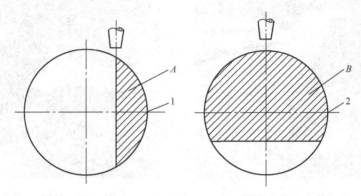

图 2-13 大直径圆钢气割

1、2—预热和起割位置 A—第一阶段切割部分 B—第二阶段切割部分

注意，在气割过程中，必须用挡铁固定好圆钢，避免圆钢在气割过程中发生滚动伤人，特别是在第二阶段结束后的滚动。如果用两阶段的方法不能完成工件的气割，可以用多阶段、加宽切口的方法气割。

（3）圆钢气割实训 直径 32mm 圆钢的气割：选用 G01-100 割炬，2 号割嘴，氧气压力 0.35MPa，乙炔压力 0.015 MPa；工件下料长度为 15mm。

2. 钢管的气割

钢管的壁厚一般都较小，在割炬和割嘴的选择上，可以选择 G01-30 割炬，2 号割嘴；预热时，需要使割嘴的延长线通过管径中心。

（1）可自由转动钢管的气割 在割嘴的后倾角小于 45°的位置起割，在最高点割嘴的角度根据钢管的壁厚垂直气割或后倾角为 5°~10°气割，接着保持割嘴角度，割到后侧大约同样角度位置时，脱离工件；再旋转钢管，把收弧的割孔位置调到上一次起割的位置，完成下一段的气割，直至整个钢管被割断，如图 2-14a 所示。

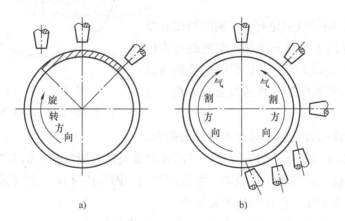

图 2-14 钢管的气割

a）可自由转动钢管 b）固定钢管

（2）固定钢管的气割 固定钢管的气割位置包括仰割位、上坡割位、水平割位等，操作时沿着仰割位—上坡割位—水平割位的顺序进行气割，如图 2-14b 所示。

1）仰割位。在钢管的底部预热，割嘴前倾 5°~10° 进行起割，接着割嘴近似水平移动。

2）上坡割位。在前一个割孔位置预热、起割，仰上坡时可以使割嘴前倾 5°~10°，立上坡时可以使割嘴后倾 5°~10°。

3）水平割位。割嘴后倾 5°～10°，水平切割过最高点。

4）另一侧切割。以上述同样的顺序，由下向上进行气割。

注意，固定钢管气割时，一定要从下向上气割，在气割前要判断好钢管断开和落下的位置，做好防护，避免落下时发生意外。

（3）钢管气割实训 ϕ159mm 钢管的可自由转动气割方法如下。

1）绘制 ϕ159mm 钢管的展开图。用平行线展开法对 ϕ159mm 钢管的外表面进行展开。钢管的外表面为圆柱体外表面，圆柱体的外表面展开图是一个矩形，宽是圆柱体的高度，长是圆柱体底面圆周长，在厚度忽略不计的情况下，钢管的展开图为 πHD 的矩形（H 可在 50～80mm 范围内自行选定），如图 2-15 所示。

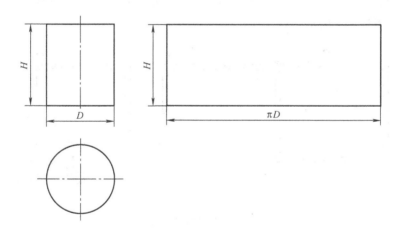

图 2-15 钢管的展开图

2）利用钢管展开图绘制气割线，割线的间距为 15mm，并把钢管放入槽形的气割胎模内。

3）选用 G01-30 割炬，2 号割嘴，氧气压力 0.25MPa，乙炔压力 0.01MPa。

4）按照可自由转动钢管的气割方法完成气割。

3. 角钢、槽钢的气割

角钢和槽钢作为典型型钢，掌握它们的气割方法就可以拓展到其他型钢的气割。

（1）角钢的气割 角钢的气割都是在角钢外侧进行的，分为变换工位气割和固定工位气割。

1）变换工位气割。在右侧的翼板外侧开始气割，割嘴的角度与翼板成 5°~10° 的后倾，完成一侧气割；接着变换工位完成另一侧气割，如图 2-16a 所示。

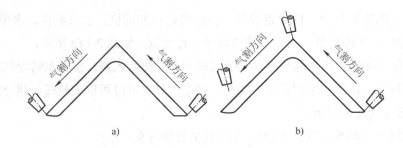

图 2-16 角钢的气割

a) 变换工位气割 b) 固定工位气割

2) 固定工位气割。操作者不能变换工位，这时可以采用两种气割方式。

方法一：完成右侧翼板气割后，在左侧翼板外侧右向气割，割嘴的角度与翼板成 5°~10° 的后倾，气割方向与变换工位气割一致，其优点是速度较快，质量较高，但右向气割不便于操作者观察割线。

方法二：完成右侧翼板气割后，改变割嘴角度，与左侧翼板成 20°~30°的后倾，从右到左、从上到下完成气割，其优点是速度快，效率高，但质量较差，如图 2-16b 所示。

（2）槽钢的气割 槽钢也是在外侧进行气割，根据槽钢是否可以翻转，分为变位气割和固定气割，如图 2-17 所示。

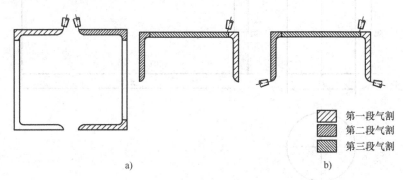

第一段气割
第二段气割
第三段气割

图 2-17 槽钢的气割

a) 变位气割 b) 固定气割

（3）角钢的气割实训 45 角钢的气割。

1) 利用钢角尺绘制气割线，宽度为 15mm，并把角钢放入气割架内。

2) 选用 G01-30 割炬，2 号割嘴，氧气压力 0.25MPa，乙炔压力 0.01MPa。

3) 按照变换工位和固定工位的方法完成气割。

复习与思考

1) 产生气割火焰的气体有哪些？各有哪些特点？

2) 气割原理、气割过程和气割的条件是什么？

3）气割的后拖量和倾角是什么?

 实训任务

1）分组完成气焊、气割设备及工具的连接。

2）完成气割参数的调整和气割火焰的调整。

3）完成低碳钢钢板的气割。

4）完成钢管的气割。

5）完成角钢的气割。

项目 3　焊条电弧焊

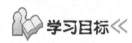
> 了解焊条电弧焊原理和特点。
>
> 了解常用弧焊电源。
>
> 了解焊条的分类。
>
> 掌握平面堆焊。
>
> 掌握平面对焊。
>
> 掌握 T 形接头焊接操作。

任务 1　焊条电弧焊原理及特点

焊条电弧焊是利用焊条和工件之间建立起来稳定燃烧的电弧，使焊条和工件熔化，从而获得牢固焊接接头的工艺方法。

1. 焊条电弧焊的原理和特点

（1）焊接原理　开始焊接时，将焊条与工件接触短路，然后立即提起焊条，引燃电弧。电弧的高温将焊条与工件局部熔化，熔化了的焊芯以熔滴的形式过渡到局部熔化的工件表面，熔合一起形成熔池，如图 3-1 所示。

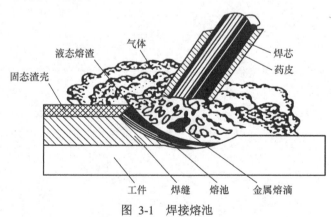

图 3-1　焊接熔池

焊接过程中，焊条药皮不断地分解熔化而生成气体及液态熔渣。产生的气体充满电弧和熔池周围，起到保护焊条端部、电弧、熔池及其附近区域的作用，防止大气对液态金属的有害污染；液态熔渣密度小，在熔池中不断上浮，覆盖在液态金属上面，也起到保护液态金属的作用，待液态熔渣凝固后，会继续保护焊缝金属在冷却过程中不被大气污染。气体和液态熔渣除了具有保护作用外，还与熔化的焊芯、工件发生一系列的冶金反应，从而保证了焊接后形成的焊缝性能。随着电弧沿焊接方向不断移动，熔池中的液态金属逐步冷却结晶，形成焊缝。

（2）焊接回路　在焊接过程中，焊接电源的输出端两根电缆分别与焊条和工件连接，组成了包括焊接电源、焊接电缆、焊钳、焊条、工件、地线夹头、焊接电缆和焊接电源的一个完整的回路，如图 3-2 所示。

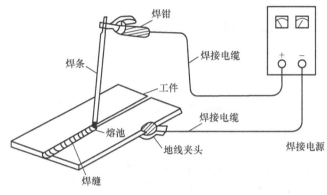

图 3-2　焊接回路

（3）焊条电弧焊的特点

1）设备简单、操作灵活、适应性强、可达性好。焊条电弧焊之所以成为应用最广泛的焊接方法，主要是因为它的灵活性。由于焊条电弧焊设备简单、移动方便、电缆长、焊把轻，因而广泛应用于平焊、立焊、横焊、仰焊等各种空间位置和对接、搭接、角接、T 形接头等各种接头形式的焊接。无论在车间内还是在野外施工现场均可采用。

2）待焊接头装配要求低。由于焊接过程由焊工手工控制，可以适时调整电弧位置和运条姿势，修正焊接参数，以保证跟踪接缝和均匀熔透。因此，对焊接接头的装配精度要求相对降低。

3）可焊金属材料广。焊条电弧焊广泛应用于低碳钢、低合金结构钢的焊接。选配相应的焊条，焊条电弧焊也常用于不锈钢、耐热钢、低温钢等合金结构钢的焊接，还可用于铸铁、铜合金、镍合金等材料的焊接，以及对耐磨、耐蚀等特殊使用要求的构件进行表面层堆焊。

4）焊接生产率低、劳动强度大。焊条电弧焊与其他电弧焊相比，由于其使用的焊接电流小，每焊完一根焊条后必须更换焊条，以及因清渣而停止焊接等，因而这种焊接方法的熔敷速度慢，焊接生产率低、劳动强度大。

5）焊接质量受人为因素的影响大。虽然焊接接头的力学性能可以通过选择与母材力学性能相当的焊条来保证，但焊接质量在很大程度上依赖于焊工的操作技能及现场发挥，甚至焊工的精神状态也会影响焊接质量。

6）焊接成本较高。焊条成本高，焊接过程中焊接材料的损耗就大，导致焊接生产率低、焊接人工费用高。因此，焊条电弧焊与其他电弧焊（如 CO_2 气体保护焊、埋弧焊等）相比，焊接成本相对较高。

2. 焊接电弧

焊接电弧并不是一般的燃烧现象，而是在一定条件下电荷通过两电极间气体空间的一种导电过程，也就是一种气体放电现象，不过它发生在电极与工件之间。

电弧焊就是利用焊接中电弧放电时产生的热量来加热以熔化焊条（焊丝）和母材，使之形成焊接接头的。电弧是电弧焊的热源。

（1）焊接电弧结构　电弧分为阳极区、阴极区、弧柱区三个区域，如图 3-3 所示。

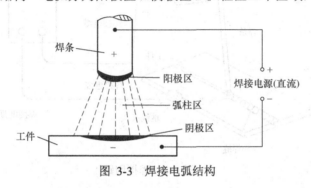

图 3-3　焊接电弧结构

1）阳极区。电弧与电源正极相接的一端称为阳极区。阳极区的宽度仅 $10^{-3} \sim 10^{-4}$cm，温度一般达到 2330~3930℃。

2）阴极区。电弧与电源负极相接的一端称为阴极区。阴极区的宽度仅为 $10^{-5} \sim 10^{-6}$cm。阴极表面有一个明显的光斑点。它是电弧放电时，负极表面上集中发射电子的微小区域，称为阴极斑点。阴极区的温度一般达到 2130~3230℃。

3）弧柱区。阳极区和阴极区之间的区域称为弧柱区。由于阳极区和阴极区都很窄，所以可以认为电弧长度近似等于弧柱长度。电弧的中心温度最高，可以达到 5730~7730℃。

（2）焊接电弧的稳定性

1）弧焊电源的影响。

①弧焊电源的特性。电源的特性符合电弧燃烧的要求时，焊接电弧的稳定性好，反之电弧稳定性差。

②弧焊电源的种类。直流焊接电源比交流弧焊电源的电弧稳定性好。

③弧焊电源的空载电压。弧焊电源的空载电压越高，引弧越容易，电弧燃烧的稳定性越好，但空载电压过高，对操作者的人身安全不利。

2）焊接电流的影响　焊接电流越大，电弧温度越高，弧柱区气体电离程度和热发射作用越强，则电弧越稳定。

3）焊条药皮。焊条药皮中含电离电位较低的物质（如钾、钠、钙的氧化物）越多，则电弧燃烧越稳定。

4）电弧长度。电弧长度过短，容易造成短路；电弧长度过长，电弧就会发生剧烈摆动，从而破坏焊接电弧的稳定性，并且飞溅大。

5）其他因素。工件表面状况、气流、电弧偏吹等都会对电弧稳定性造成影响；焊接处不清洁，如油脂、水分、锈蚀等都会降低电弧的稳定性；操作者的工作态度不认真、待焊处清理不净、电弧长度控制不当也都会影响电弧的稳定性。

3. 常用弧焊电源

电弧能否稳定燃烧是保证获得优质焊接接头的主要因素之一，而决定电弧稳定燃烧的首要因素是弧焊电源。

（1）弧焊电源的分类、特点及应用　弧焊电源按结构原理可以分为交流弧焊电源、直流弧焊电源、脉冲弧焊电源和弧焊逆变器四大类；按电流性质可以分为交流弧焊电源、直流弧焊电源和脉冲弧焊电源。按结构原理来说，各类弧焊电源的特点及应用见表 3-1。

表 3-1　各种弧焊电源的特点及应用

类型名称		特点及应用
交流弧焊电源		结构简单、容易制造维修、成本低、磁偏吹小、效率高；但电弧稳定性较差，功率因数较低；应用于焊条电弧焊、埋弧焊、钨极氩弧焊等
直流弧焊电源	弧焊发电机	坚固耐用、电弧燃烧稳定；但损耗较大、效率低、噪声大、成本高、质量大、维修难；属于国家规定的淘汰产品
	弧焊整流器	制造方便、价格较低、空载损耗小、噪声小；可用作各种焊接方法的电源
弧焊逆变器		高效、节能、质量轻、体积小、功率因数高、焊接性能好；可用作各种焊接方法的电源，现在已有较广泛应用
脉冲弧焊电源		效率高、可在较大范围内调节热输入；适用于对热输入较敏感的高合金材料、薄板和全位置焊接

（2）电焊机型号和符号代码　电焊机的型号和符号代码根据 GB/T 10249—2010《电焊机型号编制办法》制订。电焊机产品型号的编排秩序如下。

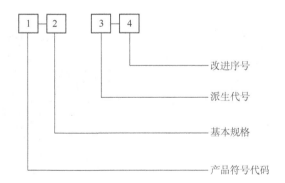

其中 2、4 各项用阿拉伯数字表示；3 项用汉语拼音字母表示；3、4 项如不用时，可空缺。

电焊机产品符号代码编排顺序如下。

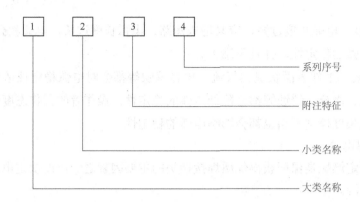

系列序号

附注特征

小类名称

大类名称

其中产品符号代码中 1、2、3 各项用汉语拼音字母表示；4 项用阿拉伯数字表示；3、4 项如不需表示时，可以只用 1、2 项。

4. 焊条

焊条（图 3-4）就是涂有药皮的供焊条电弧焊使用的熔化电极，它由药皮和焊芯两部分组成。焊接时，焊条作为一个电极，一方面起传导电流和引燃电弧的作用，使焊条与金属间产生持续、稳定的电弧，以提供熔焊所必需的热量；另一方面，焊条又作为填充金属加到焊缝中去，成为焊缝金属的主要成分，如图 3-5 所示。

焊条的药皮在焊接过程中起着极为重要的作用，包括稳弧、造气、造渣、脱氧、合金化、稀释、黏结、成形等。焊条实物，如图 3-6 所示。

图 3-4　焊条的组成

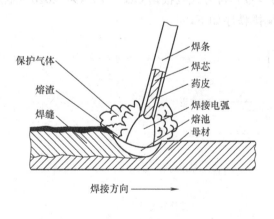

图 3-5　焊条电弧焊示意图

图 3-6　焊条

（1）焊条的组成

1）焊芯。焊条中被药皮包覆的金属芯称为焊芯。焊芯一般是一根具有一定长度及直径的钢丝。焊接时，焊芯有两个作用：一是传导焊接电流，产生电弧把电能转换成热能；二是焊芯本身熔化作为填充金属与液体母材金属熔合形成焊缝。

焊条焊接时，焊芯金属占整个焊缝金属的一部分。所以焊芯的化学成分直接影响焊缝的质量。因此，作为焊芯用的钢丝都单独规定了它的牌号与成分。如果用于埋弧焊、电渣焊、气体保护焊、气焊等熔焊方法作为填充金属时，则称为焊丝。用于焊接的专用钢丝可分为碳素结构钢、合金结构钢、不锈钢三类。焊条电弧焊用焊条直径分为 1.6mm、2.0 mm、2.5 mm、3.2 mm、4.0 mm、5.0 mm、5.8 mm 等几种。

2）药皮。焊条药皮指涂在焊芯表面的涂料层。药皮在焊接过程中分解熔化后形成气体和熔渣，起到机械保护、冶金处理、改善工艺性能的作用。药皮的组成物有矿物类、铁合金和金属粉类、有机物类、化工产品类。焊条药皮是决定焊缝质量的重要因素。

①药皮的作用。

a. 提高电弧燃烧的稳定性。无药皮的光焊条不容易引燃电弧，即使引燃了也不能稳定地燃烧。

b. 保护焊接熔池。

c. 保证焊缝脱氧、去硫磷杂质。

d. 为焊缝补充合金元素。

e. 提高焊接生产率，减少飞溅。

②常见药皮类型。

a. 钛钙型（E××03，23）。电源种类：直流或交流。主要特点：药皮中氧化钛的（质量分数）30%以上，钙、镁碳酸盐的质量分数 20%以下，焊条工艺性能良好，熔渣流动性好，熔深一般，电弧稳定，焊缝美观，脱渣方便，适用于全位置焊接，如 E4303 即属此类型，它是目前碳钢焊条中使用最广泛的一种焊条。

b. 钛铁矿型（E××01）。电源种类：直流或交流。主要特点：药皮中钛铁矿的（质量分数）30%以上，焊条熔化速度快，熔渣流动性好，熔深较深，脱渣容易，焊波整齐，电弧稳定，平焊、平角焊工艺性能较好，立焊稍次，焊缝有较好的抗裂性。

c. 氧化铁型（E××20，22，27）。电源种类：直流或交流。主要特点：药皮中含较多氧化铁和锰铁脱氧剂，熔深大，熔化速度快，焊接生产率较高，电弧稳定，再引弧方便，立焊、仰焊较困难，飞溅稍大，焊缝抗裂性较好，适用于中厚板焊接。由于电弧吹力大，适于野外操作。

d. 纤维素型（E××10，11）。电源种类：直流或交流。主要特点：药皮中有机物的（质量分数）15%以上，氧化钛的（质量分数）30%左右，焊接工艺性能良好，电弧稳定，电弧吹力大，熔深大，熔渣少，脱渣容易，可做向下立焊、深熔焊或单面焊双面成形焊接，立、仰焊工艺性好，适用于薄板结构、油箱管道、车辆壳体等焊接。随药皮中稳弧剂、粘结剂含量变化，分为高纤维素钠型（采用直流反接）和高纤维素钾型两类。

e. 低氢型。电源种类：直流或交流（直流）。主要特点：药皮成分以碳酸盐和萤石为主，焊条使用前须经 300～400℃烘焙，短弧操作，焊接工艺性一般，可全位置焊接，焊缝有良好的抗裂性和综合力学性能，适于焊接重要的焊接结构。按照药皮中稳弧剂量、铁粉量和粘结剂不同，分为低氢钠型（E××15）、低氢钾型（E××16）和铁粉低氢型（E××18，28，48）等。

（2）焊条的分类

1）按用途分类：按照焊条的用途分为低合金钢焊条、低合金高强度钢焊条、低温钢焊条、耐热钢焊条、耐海水腐蚀焊条等。有些焊条同时可以有多种用途。

2）按熔渣的酸碱性分类：主要是根据焊接熔渣的碱度，即按熔渣中碱性氧化物与酸性氧化物的比例来划分。

①酸性焊条。酸性焊条焊接工艺性好，电弧稳定，可交、直流两用，飞溅小、熔渣流动性和脱渣性好、焊缝外表美观。但合金元素烧损较多，合金过渡系数较小，熔敷金属中氢的质量分数也较高，因而焊缝金属塑性和韧性较低。

②碱性（低氢型）焊条。药皮中含有大量的碱性造渣物。碱性焊条降低了焊缝中氢的质量分数，故碱性焊条又称为低氢型焊条。熔渣脱硫的能力强，熔敷金属的抗热裂纹能力较强，焊缝中非金属夹杂物较少，因而焊缝金属具有较高的塑性和冲击韧度。电弧稳定性差，一般多采用直流反接，只有当药皮中含有较多量的稳弧剂时，才可以交、直流两用。碱性焊条一般用于较重要的焊接结构，如承受动载荷或刚性较大的结构。

（3）焊条的牌号、型号

1）牌号编制法。以结构钢为例，J×××：J为结构钢焊条；第三位数字代表药皮类型和焊接电流要求；第一、二位数字代表焊缝金属抗拉强度。

2）型号编制法。焊条的型号是按国家有关标准与国际标准确定的。以结构钢为例，E×××：字母"E"表示焊条；第一、二位数字表示熔敷金属最小抗拉强度；第三位数字表示焊条的焊接位置；第三、四位数字表示焊接电流种类及药皮类型。

（4）焊条选用原则　焊条的选用需在确保焊接结构安全、可行使用的前提下，根据被焊材料的化学成分、力学性能、板厚及接头形式、焊接结构特点、受力状态、结构使用条件对焊缝性能的要求、焊接施工条件和技术经济效益等因素综合考查后，有针对性地选用焊条，必要时还需进行焊接性试验。

焊条选用的一般原则如下。

1）等强匹配的原则。即所选用焊条熔敷金属的抗拉强度相等或相近于被焊母材金属的抗拉强度。此原则主要适用于对结构钢焊条的选用。理论上认为：焊缝强度不宜过高于母材的强度，否则往往由于焊缝抗裂性差或应力集中等原因而使焊接接头质量下降。

2）等韧性匹配的原则。即所选用焊条熔敷金属的韧性相等或相近于被焊母材金属的韧性。此原则主要适用于对低合金高强度钢焊条的选用。这样，当母材结构刚性大、受力复杂时，不至于因接头的塑性或韧性不足而引起接头受力破坏。

3）等成分匹配的原则。即所选用焊条熔敷金属的化学成分符合或接近被焊母材。此原则主要适用对不锈钢、耐候钢、耐热钢焊条的选用，这样就能保证焊缝金属具有同母材一样的耐蚀性、热强性等性能以及与母材有良好的熔合与匹配。

4）根据特殊要求选用的原则。堆焊焊条应根据堆焊层要求选用；应根据焊缝金属是否需要再进行机械加工或进行热处理以及对焊条的经济接受能力来选用焊条；要求焊缝金属具有高塑性、高韧性并有相应强度指标时，宜优先选用碱性低氢型焊条。

（5）焊条使用前的烘干与保管

1）酸性焊条对水分不敏感，而有机物焊条能允许有更高的含水量。所以要根据受潮的具体情况，在 70～150℃烘干 1h。存储时间短且包装良好的焊条，一般在使用前可不再烘干。

2）碱性低氢型焊条在使用前必须烘干，以降低焊条的含氢量，防止气孔、裂纹等缺欠产生，一般在 350℃烘干 1h。不可在高温炉中将焊条突然放入或突然冷却，以免药皮干裂。对含氢量有特殊要求的焊条，烘干温度应提高到 400~450℃，烘干 1～2h。经烘干的碱性焊条最好放入另一个温度控制在 50～100℃的低温烘干箱中存放，并随用随取。

3）烘干焊条时，每层焊条不能堆放太厚（一般 1~3 层），以免焊条烘干时受热不均和不易排除潮气。

4）露天操作时，隔夜必须将焊条妥善保管、不允许露天存放，应该在低温箱中恒温存放，否则次日使用前还要重新烘干。

5）最好每个焊工能有一个小型烘干箱或焊条保温桶。施工时将烘干后的焊条放入烘干箱内，温度保持在 50～60℃。焊条烘干箱和焊条保温桶，如图 3-7 所示。

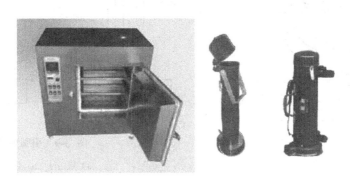

图 3-7 焊条烘干箱和焊条保温桶

任务 2 平面堆焊实训

1. 任务要求

完成钢板表面堆焊，在操作过程中使用直线形运条法、锯齿形运条法、月牙形运条法、圆圈形运条法。

2. 焊条电弧焊设备

选用额定电流 300~400A 的电焊机，具体型号不要求；还需要有独立的焊接工作台、除尘设备、照明设备等。

3. 焊条电弧焊用品

个人防护用品有：焊接防护服、面罩、焊接皮手套、绝缘胶鞋、鞋盖、护目镜等；焊接用品有：焊钳、清渣锤、钢丝刷、焊条保温筒、焊条头收集桶等；辅助用品有：扳手、火钳子等。

4. 焊接参数

钢板规格：200mm×100mm×6mm。

焊条：E4303，ϕ3.2mm。

焊接电流：100~120A。

5. 堆焊操作

（1）平焊操作姿势　平焊时，一般采用蹲式操作，蹲姿要自然，两脚距离同肩宽，两脚夹角为70°~85°，持焊钳的胳膊半伸开，要求悬空无依托操作，如图3-8所示。

（2）引弧　电弧焊开始时，引燃焊接电弧的过程称为引弧。

引弧的方法包括以下两类：一类是不接触引弧，指利用高频电压使电极末端与工件间的气体导电产生电弧，焊条电弧焊很少采用这种方法；另一类是接触引弧，指引弧时先使电极与工件短路，再拉开电极引燃电弧，这是焊条电弧焊采用的引弧方法。

焊条电弧焊的引弧方法，在具体操作手法上又可分为敲击法和划擦法两种，如图 3-9 所示。

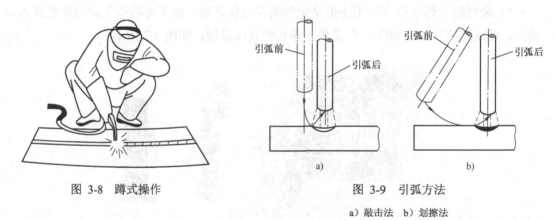

图 3-8　蹲式操作

图 3-9　引弧方法

a）敲击法　b）划擦法

1）敲击法。使焊条与工件表面垂直地接触，当焊条的末端与工件的表面轻轻一碰，便迅速提起焊条并保持一定的距离，即可引燃电弧。操作时焊工必须掌握好手腕上下动作的时间和距离。

2）划擦法。先将焊条末端对准工件，然后将焊条在工件表面划擦一下，当电弧引燃后趁金属还没有开始大量熔化的一瞬间，立即使焊条末端与被焊表面维持2～4mm的距离，电弧就能稳定地燃烧。

注意，在操作时，如果发生焊条和工件粘在一起时，只要将焊条左右摇动几下，就可脱离工件。如果这时还不能脱离工件，就应立即将焊钳放松，使焊接回路断开，待焊条稍冷后再拆下。

引弧时，不可以在工件（母材）表面上随意"打火"，应在待焊部位或坡口内引弧。

（3）运条　运条时要同时完成三种动作、沿着焊条中心线向熔池送进；沿着焊接方向移动；沿着焊接方向横向摆动。以上三种动作需要相互协调，才能焊出满意的焊缝。常见的运条方法，如图 3-10 所示。

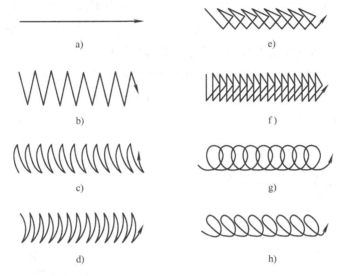

图 3-10　常见的运条方法

a）直线形　b）锯齿形　c）月牙形　d）反月牙形　e）斜三角形　f）正三角形　g）圆圈形　h）斜圆圈形

（4）焊缝起头、收尾和接头

1）焊缝起头：多采用回焊法，即从距离始焊点 10mm 左右处引弧，略抬起电弧，回到始焊点，逐渐压低电弧，同时焊条做微微摆动，从而达到所需要的焊道宽度，然后进行正常焊接，如图 3-11 所示。

2）焊缝收尾：焊缝结束时不能立即拉断电弧，否则会形成弧坑。焊缝应进行收尾处理，以保证连续的焊缝外形和维持正常的熔池温度，在逐渐填满弧坑后熄弧。

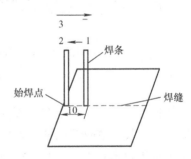

图 3-11　焊缝起头

常见收尾方法有反复断弧收尾法、划圈收尾法和回焊收尾法三种，如图 3-12 所示。

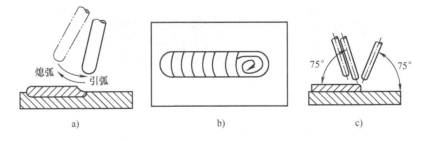

图 3-12　常见收尾方法

a）反复断弧收尾法　b）划圈收尾法　c）回焊收尾法

3）焊缝接头。由于焊条的长度有限，不可能一次连续焊完长焊缝，因此会出现接头问题。这不仅涉及外观成形问题，还涉及焊缝的内部质量，所以要重视焊缝的接头问题。常见的焊缝接头形式有首尾相接、尾尾相接、尾首相接、首首相接，如图 3-13 所示。

（5）平焊 平焊，也称为平敷焊，是在平焊位置上堆敷焊道的一种操作方法。平焊是所有焊接操作方法中最简单、最基础的方法。平焊就是在焊接过程中焊接位置处于水平上方位置的焊接。这种焊接位置属于焊接全位置中最容易焊接的一个位置。

1）运条方法。平焊一般可以根据想要的焊道宽度采用直线形运条、锯齿形运条、月牙形运条、圆圈形运条等方法。焊接方向为右向焊接。焊条与焊接方向成 60°~80°夹角，横向与焊件垂直，如图 3-14 所示。

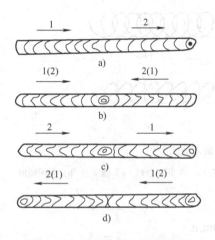

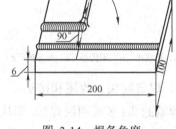

图 3-13　常见的焊缝接头形式　　　　　　　　　图 3-14　焊条角度

a）首尾相接　b）尾尾相接　c）尾首相接　d）首首相接

平面堆焊是由很多条焊道连续焊接而成，焊缝的高度为 1~1.5mm。在焊接两条相邻的焊道时，第二条焊道应熔化第一条焊道宽度的 1/3~1/2，即在焊的焊道要压在前一条焊道上，重合的部分为焊道宽度的 1/3~1/2，如图 3-15 所示。

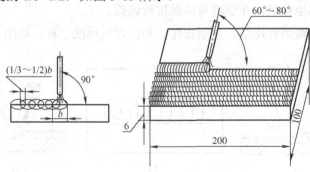

图 3-15　平面堆焊时相邻焊道的连接

2）操作重点步骤。

①个人防护装备的穿戴。个人防护装备必须穿戴整齐。

②焊接电流的调整。焊接电流为 100~120A。

③焊接姿势。蹲姿操作，自然放松，手臂悬空无依托操作。

④物品摆放。工件必须放置在工作台上，清理工具放在工作台旁边，焊条放在焊条保温筒里，焊条头放到收集桶里。

⑤工件清理。工件表面清理干净，焊渣清理干净彻底。

⑥引弧。敲击法和划擦法都能应用。

⑦起焊位置。起焊位置准确。

⑧电弧高度。要压低电弧，电弧高度为 2~3mm。

⑨焊条角度。与焊接方向成 60°~80°夹角，横向与工件垂直。

⑩运条。直线形运条、锯齿形运条、月牙形运条、圆圈形运条等都可应用。

⑪收尾。反复断弧收尾法、划圈收尾法、回焊收尾法都可应用。

⑫接头。首尾相接。

任务 3　平面对焊实训

1. 任务要求

完成拼板任务，工件的完成尺寸为 100mm×150mm×100mm。具体任务有预处理、组对、焊接。

2. 焊接参数

钢板规格：100mm×15mm×10mm。

焊条：E4303，直径 3.2mm。

焊接电流：100~120A。

3. 平面对焊操作

1）预处理。对钢板进行预处理，清理干净氧化皮、锈蚀等。由于钢板的尺寸较小，因此需要准备 10 个 100mm×15mm×10mm 的钢板。

2）组对。10 个钢板在工作台上进行组对，组对时要逐个进行，定位要求两点定位，每个定位点长度为 5~10mm，每次组对结束后都要检查和矫正；组对的定位点要求都在同一面上，定位点距板边的距离为 10mm，如图 3-16 所示。

3）焊接。把组对好的拼板清理干净后就可以进行拼板焊接了。首先焊接另一面（无定位点）的焊缝，即组对好后，反过来焊接。焊接时先焊中间焊缝，后焊外面的焊缝。焊接的顺序和方向，如图 3-17 所示。

焊完一面后，再焊另一面，顺序同前一面，但方向相反。

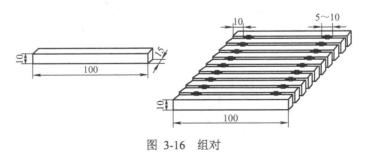

图 3-16　组对

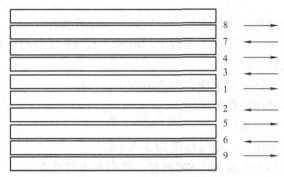

图 3-17 焊接的顺序和方向

任务4 T形接头焊接实训

1. 任务要求

完成 T 形接头焊接任务，完成后的工件，如图 3-18 所示。具体任务有预处理、组对、焊接。

2. 焊接参数

钢板规格：底板尺寸为 100mm×50mm×10mm，立肋钢板尺寸为 100mm×30mm×10mm。

焊条：E4303，直径 3.2mm。

焊接电流：100~120A。

3. T 形接头焊接操作

1）预处理。对钢板进行预处理，清理干净氧化皮、锈蚀等。

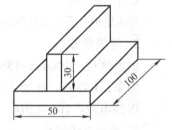

图 3-18 T形接头工件图

对于立肋钢板的不平整处，可以用角磨砂轮打磨。打磨时，立肋钢板必须在台虎钳上牢固夹持后操作。

2）组对。

①在尺寸为 100mm×50mm×10mm 的底板上绘制一条距离板边 20mm 的参考线，如图 3-19a 所示。

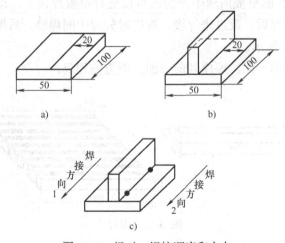

a)

b)

c)

图 3-19 组对、焊接顺序和方向

②按照参考线，在底板上装配立肋钢板，如图 3-19b 所示。

③对工件进行定位焊，如图 3-19c 所示。定位点距板边 10mm，定位焊点的长度为 5~10mm。定位后，用钢角尺检查底板与立肋钢板的角度。

3）焊接。按照图 3-19c 所示的焊接顺序和方向进行焊接。

焊条与焊接方向成 60°~80°夹角，横向与水平面成 45°~50°夹角，如图 3-20 所示。

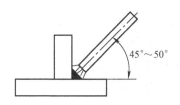

图 3-20　横向焊条角度

在实际操作中，由于有电弧偏吹的现象，焊条的实际角度要根据电弧的指向进行调整，以保证熔池位置正确和熔池的形状。

4. 组合练习

利用掌握的技术，在完成 T 形接头工件的基础上，在底板两端各组对一块尺寸为 100mm×15mm×10mm 钢板，完成组合工件的焊接。

复习与思考

1）简述焊条电弧焊的特点。

2）焊条药皮的作用有哪些？

3）焊条如何分类？

4）简述焊接电弧的结构。

5）影响焊接电弧稳定性的因素有哪些？

实训任务

1）焊接参数的调整。

2）完成平焊操作。

3）完成 I 形坡口平面对焊操作。

4）完成 T 形接头和对接接头组合工件的焊接操作。

项目4 焊接变形与焊接应力

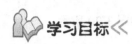 **学习目标** 《

> 了解焊接变形和焊接应力的概念。
> 了解和掌握焊接变形和焊接应力产生的原因。
> 了解和掌握控制焊接残余变形的措施。
> 了解和掌握控制焊接残余应力的措施。
> 了解和掌握焊接残余变形的测量方法。

任务1 焊接变形与焊接应力的产生

焊接时，由于局部高温加热而造成工件上温度分布不均匀，最终导致在结构内部产生了焊接变形与焊接应力。焊接应力是引起脆性断裂、疲劳断裂、应力腐蚀断裂和失稳破坏的主要原因。另外，焊接变形也使结构的形状和尺寸精度难以达到技术要求，直接影响产品结构的制造质量和使用性能。

1. 基本概念

（1）变形 物体在外力或温度等因素的作用下，其形状和尺寸发生变化，这种变化称为物体的变形。当使物体产生变形的外力或其他因素去除后变形也随之消失，物体可恢复原状，这样的变形称为弹性变形。当外力或其他因素去除后变形仍然存在，物体不能恢复原状，这样的变形称为塑性变形。物体的变形还可按拘束条件分为自由变形和非自由变形。

（2）应力 物体受外力作用或其他因素导致物体内部之间所产生的相互作用力称为内力。作用在物体单位面积上的内力称为应力。由外力作用于物体上而引起的应力称为工作应力；由物体内部的化学成分、金相组织及温度等因素的不均匀变化造成物体内部的不均匀性变形而引起的应力称为内应力。内应力的显著特点是，内应力在物体内部形成的拉伸、压应力及其形成的弯矩构成一个平衡力系，互相平衡。

（3）焊接变形与焊接应力 由焊接而引起的工件尺寸的改变称为焊接变形。焊接应力是焊接过程中及焊接过程结束后，存在于工件中的内应力。

（4）研究焊接变形与焊接应力的基本假定

1）平截面假定。假定工件在焊前所取的截面，焊后仍保持平面。

2）金属性质不变假定。假定在焊接过程中材料的某些热物理性质均不随温度而变化。

3）金属屈服强度假定。假定在500℃以下，屈服强度与常温下相同，不随温度而变化；500～600℃时，屈服强度迅速下降；600℃以上时呈全塑性状态。

4）焊接温度场假定。在焊接热源作用下工件上各点的温度在不断地变化，假定认为达到某一极限热状态时，温度场不再改变。

2. 焊接变形与焊接应力的产生原因

产生焊接变形与焊接应力的因素很多，其中最根本的原因是工件受热不均匀。

（1）工件的不均匀加热　金属焊接是一个局部的加热过程，工件上的温度分布极不均匀。为了便于了解不均匀受热时变形与应力的产生，下面也对金属在均匀加热时产生的变形与应力进行了讨论。

1）不受约束的杆件在均匀加热时的变形与应力。不受约束的杆件在均匀加热时，其变形属于自由变形，因此在杆件加热过程中不会产生任何内应力，冷却后也不会有任何残余应力和残余变形。

2）受约束的杆件在均匀加热时的变形与应力。如果加热温度较低并且材料处于弹性范围内，则在加热过程中杆件的变形全部为弹性变形，杆件内部存在压应力的作用。当温度恢复到原始温度时，杆件自由收缩到原来的长度，压应力全部消失，既不存在残余变形也不存在残余应力。

如果加热温度较高，达到或超过材料屈服点温度时，则杆件中产生压缩塑性变形，内部变形由弹性变形和塑性变形两部分组成。当温度恢复到原始温度时，弹性变形恢复，塑性变形不可恢复，可能出现以下三种情况。

①如果杆件能充分自由收缩，那么杆件中只出现残余变形而无残余应力。

②如果杆件受绝对约束，那么杆件中没有残余变形而存在较大的残余应力。

③如果杆件收缩不充分，那么杆件中既有残余应力又有残余变形。

3）长板条中心加热（类似于堆焊）时的变形与应力。图 4-1a 所示为长度为 L_0，厚度为 δ 的长板条，材料为低碳钢，在其中间沿长度方向上进行加热。为简化讨论，将板条上的温度分为两种：中间为高温区，其温度均匀一致；两边为低温区，其温度也均匀一致。

加热时，如果板条的高温区与低温区是可以分离的，高温区将伸长，低温区不变，如图 4-1b 所示，但实际上板条是一个整体，所以板条将整体伸长，此时高温区内产生较大的压缩塑性变形和压缩弹性变形，如图 4-1c 所示。

冷却时，如果高温区与低温区是可分离的，由于压缩塑性变形不可恢复，高温区应缩短，低温区恢复原长，如图 4-1d 所示。但实际上板条是一个整体，所以板条将整体缩短，这就是板条的残余变形，如图 4-1e 所示。同时在板条内部也产生了残余应力，中间高温区为拉应力，两侧低温区为压应力。

4）长板条一侧加热（相当于板边堆焊）时的变形与应力。材质均匀的板条，如图 4-2a 所示，在其上边缘快速加热。假设如图 4-2b 所示，板条由许多互不相连的窄条组成，各个窄条在加热时将按温度高低而伸长。但实际上，板条是一个整体，各窄条之间是互相牵连、互相影响的，上一部分金属会带动下一部分金属使其受拉，其自身因不能自由伸长而受压，产生了压缩变形，甚至产生压缩塑性变形。由于板条上的温度分布自上而下逐渐降低，因此，板条产生了向下的弯曲变形，如图 4-2c 所示。

板条冷却后，各窄条的收缩如图 4-2d 所示。但实际上板条是一个整体，上一部分金属要受到下一部分金属的阻碍而不能自由收缩，所以板条产生了与加热时相反的残余弯曲变形，如图 4-2e 所示。同时在板条内产生了图 4-2e 所示的残余应力，即板条中部为压应力，板条两侧为拉应力。

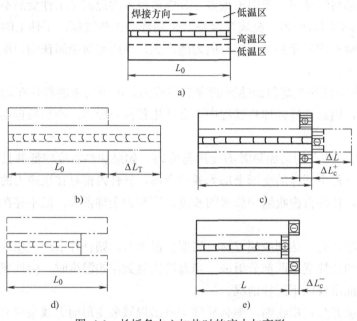

图 4-1　长板条中心加热时的应力与变形

a）原始状态　b）、c）加热过程　d）、e）冷却以后

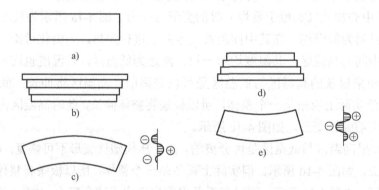

图 4-2　长板条边缘一侧加热时的应力与变形

a）原始状态　b）假设板条伸长　c）加热后的变形　d）假设板条收缩　e）冷却后的变形

由上述讨论可知：

①对工件进行不均匀加热，在加热过程中，只要温度高于材料屈服点的温度，工件就会产生压缩塑性变形，冷却后，工件必然有残余应力和残余变形。

②通常，焊接过程中工件的变形方向与焊后工件的变形方向相反。

③焊接加热时，焊缝及其附近区域将产生压缩塑性变形，冷却时压缩塑性变形区要收缩。如果这种收缩能充分进行，则焊接残余变形大，焊接残余应力小；若这种收缩不能充分进行，

则焊接残余变形小而焊接残余应力大。

④焊接过程中及焊接结束后，工件中的应力分布都是不均匀的。焊接结束后，焊缝及其附近区域的残余应力通常是拉应力。

（2）焊缝金属的收缩 当焊缝金属冷却、由液态转为固态时，其体积要收缩。由于焊缝金属与母材是紧密联系的，因此，焊缝金属并不能自由收缩。这将引起整个工件的变形，同时在焊缝中引起残余应力。另外，一条焊缝是逐步形成的，焊缝中先结晶的部分要阻止后结晶部分的收缩，由此也会产生焊接变形与焊接应力。

（3）金属组织的变化 钢在加热及冷却过程中发生相变可得到不同的组织，这些组织的比体积不一样，由此也会造成焊接变形与焊接应力。

（4）工件的刚性和拘束 刚性指工件抵抗变形的能力；而拘束是工件周围物体对工件变形的约束。刚性是工件本身的性能，它与其材质、截面形状和尺寸等有关；而拘束是一种外部条件。工件自身的刚性及受周围的拘束程度越大，焊接变形越小，焊接应力越大；反之，工件自身的刚性及受周围的拘束程度越小，焊接变形越大，焊接应力越小。

◯ 任务 2 焊接残余变形与焊接残余应力

1. 焊接残余变形的种类

焊接残余变形多种多样，按照变形的外观形态，可归纳为图 4-3 所示的五种基本形式，即收缩变形、角变形、弯曲变形、波浪变形和扭曲变形。实际生产中，工件的变形可能是它们的组合。

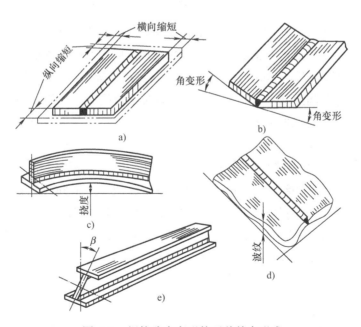

图 4-3 焊接残余变形的五种基本形式

a）收缩变形 b）角变形 c）弯曲变形 d）波浪变形 e）扭曲变形

（1）收缩变形　工件尺寸比焊前缩短的现象称为收缩变形。它分为纵向收缩变形和横向收缩变形，如图4-4所示。

1）纵向收缩变形。纵向收缩变形指沿焊缝轴线方向尺寸的缩短。纵向收缩变形量取决于焊缝长度、工件的截面积、材料的弹性模量、压缩塑性变形区的面积以及压缩塑性变形率等。工件的截面积越大，纵向收缩量越小。焊缝的长度越长，纵向收缩量越大。受力不大时，采用间断焊缝代替连续焊缝，可以减小工件的纵向收缩变形。

2）横向收缩变形　横向收缩变形指沿垂直于焊缝轴线方向尺寸的缩短。工件焊接时，不仅产生纵向收缩变形，同时也产生横向收缩变形。产生横向收缩变形的过程比较复杂，影响因素很多，如热输入、接头形式、装配间隙、板厚、焊接方法以及工件的刚性等，其中以热输入、装配间隙、接头形式等影响最为明显。

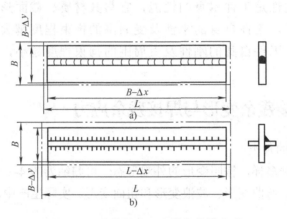

图 4-4　纵向收缩变形和横向收缩变形

不管何种接头形式，其横向收缩变形量总是随焊接热输入的增大而增加。装配间隙对横向收缩变形量的影响也较大，且情况复杂。一般来说，随着装配间隙的增大，横向收缩也增加。图4-5a所示为两块平板中间留有一定间隙的对接焊。焊接时，随着热源对金属的加热，对接边产生膨胀，焊接间隙减小。如果两板对接焊时不留间隙，如图4-5b所示。加热时板的膨胀引起板边挤压，使之在厚度方向上增厚，冷却时也会产生横向收缩变形，但其横向收缩变形量小于有间隙的情况。

另外，横向收缩量沿焊缝长度方向分布不均匀，因为一条焊缝是逐步形成的，先焊的焊缝冷却收缩对后焊的焊缝有一定挤压作用，使后焊的焊缝横向收缩量更大。一般来说，焊缝的横向收缩沿焊接方向是由小到大，逐渐增大到一定程度后便趋于稳定。由于这个原因，生产中常将一条焊缝的两端头间隙取不同值，后半部分比前半部分要大1～3mm。

横向收缩的大小还与装配后定位焊和装夹情况有关，定位焊缝越长，装夹的拘束程度越大，横向收缩量就越小。

对接接头的横向收缩量是随焊缝金属量的增加而增大的；热输入、板厚和坡口角度增大，横向收缩量也增加，而板厚的增大使接头的刚度增大，又可以限制焊缝的横向收缩。另外，多层焊时先焊的焊道引起的横向收缩较明显，后焊的焊道引起的横向收缩逐层减小。焊接方

法对横向收缩量也有影响，如相同尺寸的工件，采用埋弧焊比采用焊条电弧焊其横向收缩量
小；气焊的收缩量比电弧焊大。

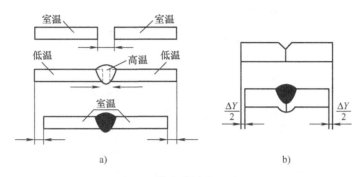

图4-5　横向收缩变形过程

a）带间隙平板对接焊的横向收缩变形过程　b）无间隙平板对接焊的横向收缩变形过程

角焊缝的横向收缩要比对接焊缝的横向收缩小得多。同样的焊缝尺寸，板越厚，横向收
缩量越小。

（2）角变形　中厚板对接焊、堆焊、搭接
焊及 T 形接头焊接时，都可能产生角变形。角
变形产生的根本原因是由于焊缝的横向收缩沿
板厚分布不均匀。不同形式的角变形如图 4-6
所示。角变形的大小与焊接热输入、板厚等因
素有关，当然也与工件的刚性有关。当热输入
一定时，板厚越大，厚度方向上的温差越大，

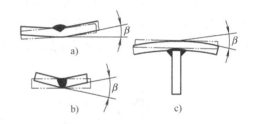

图 4-6　不同形式的角变形

角变形越大。但当板厚增大到一定程度时，工件的刚度增大，抵抗变形的能力增强，角变
形反而减小。另外，板厚一定，热输入增大，压缩塑性变形量增加，角变形也增加。但热
输入增大到一定程度，堆焊面与背面的温差减小，角变形反而减小。

对接接头角变形主要与坡口形式、坡口角度、焊接方式等有关。坡口截面不对称的焊
缝，其角变形大，因而用 X 形坡口代替 V 形坡口，有利于减小角变形。坡口角度越大，
焊缝横向收缩沿板厚分布越不均匀，角变形越大。同样板厚和坡口形式下，多层焊比单层
焊角变形大。焊接层数越多，角变形越大。另外，坡口截面对称，采用不同的焊接顺序，
产生的角变形大小也不相同。如图 4-7a 所示，X 形坡口对接接头，先焊完一面后翻转再
焊另一面，焊第二面时所产生的角变形不能完全抵消第一面产生的角变形，这是因为焊第
二面时第一面已经冷却，增加了接头的刚度，使第二面的角变形小于第一面，最终产生一
定的残余角变形。如果采用正反面各层对称交替焊，如图 4-7b 所示，这样正反面的角变
形可相互抵消。但这种方法工件翻转次数比较多，不利于提高生产率。比较好的办法是，
先在一面少焊几层，然后翻转过来，焊满另一面，使其产生的角变形稍大于先焊的一面，
最后再翻转过来焊满第一面，如图 4-7c 所示，这样就能以最少的翻转次数来获得最小的
角变形。非对称坡口的焊接，如图 4-7d 所示，应先焊焊接量少的一面，后焊焊接量多的

一面，并且注意每一层的焊接方向应相反。

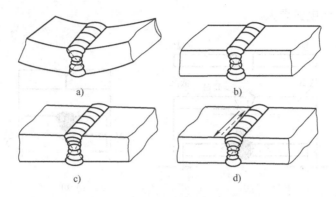

图 4-7　角变形与焊接顺序的关系

a）对称坡口非对称焊　b）对称坡口对称交替焊　c）对称坡口非对称焊　d）非对称坡口非对称焊

对于 T 形接头角变形可以看成是由立板相对于水平板的回转与水平板本身的角变形两部分组成。

（3）弯曲变形　弯曲变形是由于焊缝的中心线与结构截面的中性轴不重合或不对称，焊缝的收缩沿工件宽度方向分布不均匀而引起的。弯曲变形可分两种，即焊缝纵向收缩引起的弯曲变形和焊缝横向收缩引起的弯曲变形，如图 4-8 所示。

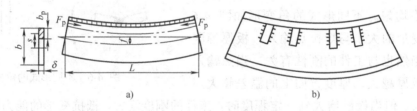

图 4-8　弯曲变形

a）焊缝纵向收缩引起的弯曲变形　b）焊缝横向收缩引起的弯曲变形

（4）波浪变形　波浪变形常发生于板厚小于 6mm 的薄板焊接结构中，又称为失稳变形。大面积平板拼接，如船体甲板、大型油罐底板等，极易产生波浪变形。焊接角变形也可能产生类似的波浪变形，如图 4-9 所示。

防止波浪变形可从两方面着手：一是降低焊接残余压应力，如采用能使塑性变形区小的焊接方法，选用较小的焊接热输入等；二是提高工件失稳临界应力。如给工件增加肋板，适当增加工件的厚度等。

（5）扭曲变形　产生扭曲变形的原因主要是焊缝的角变形沿焊缝长度方向分布不均匀。如图 4-10 所示的工字梁，若按 1～4 的顺序和方向焊接，则会产生扭曲变形，这主要是角变形沿焊缝长度方向逐渐增大的结果。如果改变焊接顺序和方向，使两条相邻的焊缝同时向同一方向焊接，就会克服这种扭曲变形。

以上五种变形是焊接残余变形的基本形式。在这五种基本变形中，最基本的变形是收缩变形。收缩变形再加上不同的影响因素，就构成了其他四种基本变形形式。焊接结构的变形对焊接结构生产有极大的影响。首先，零件或部件的焊接残余变形，给装配带来困难，进而影响后续焊接的质量；其次，过大的焊接残余变形还要进行矫正，增加了结构的制造成本；另外，焊接残余变形也会降低焊接接头的性能和承载能力。因此，在实际生产中，必须设法控制焊接残余变形，使焊接残余变形控制在技术要求所允许的范围之内。

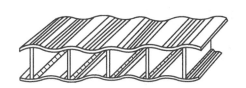

图 4-9　焊接角变形引起的波浪变形

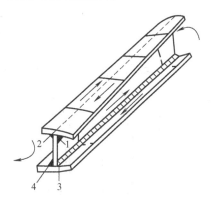

图 4-10　工字梁的扭曲变形

2. 控制焊接残余变形的措施

（1）设计措施

1）选择合理的焊缝尺寸和坡口形式。在保证结构有足够承载能力的前提下，应采用尽量小的焊缝尺寸；相同厚度的平板对接，开 V 形坡口的角变形大于开双 V 形坡口，因此具有翻转条件的结构，宜选用两面对称的坡口形式。

2）减少焊缝的数量。只要条件允许，多采用型材、冲压件；在焊缝多且密集处，采用铸-焊联合结构，就可以减少焊缝数量。

3）合理安排焊缝位置。梁、柱等焊接构件常因焊缝偏心布置而产生弯曲变形。合理的设计是应尽量把焊缝安排在结构截面的中性轴上或靠近中性轴处，力求在中性轴两侧的变形大小相等、方向相反，起到相互抵消作用。

（2）工艺措施

1）留余量法。此方法就是在下料时，将工件的长度或宽度尺寸比设计尺寸适当加大，以补偿工件的收缩。余量的多少可根据公式并结合生产经验来确定。留余量法主要是用于防止工件的收缩变形。

2）反变形法。此方法就是根据工件的变形规律，焊前预先将工件向着与焊接变形的相反方向进行人为的变形（反变形量与焊接变形量相等），使之达到抵消焊接变形的目的。此方法很有效，但必须准确地估计焊后可能产生的变形方向和大小，并根据工件的结构特点和生产条件灵活地运用。常见的无外力作用下的反变形法，如图 4-11 所示。

3）刚性固定法。采用适当的方法来增加工件的刚度或拘束度，可以达到减小其变形的目的，这就是刚性固定法。常用的刚性固定法有以下几种。

①将工件固定在刚性平台上。薄板焊接时，可将其用定位焊缝固定在刚性平台上，并且用压铁压住焊缝附近，如图 4-12a 所示。待焊缝全部焊完冷却后，再铲除定位焊缝，这样可避免薄板焊接时产生波浪变形。

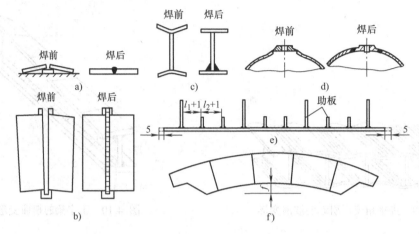

图 4-11　常见的无外力作用下的反变形法

a）平板对接焊　b）电渣对接立焊　c）工字梁翼板的反变形　d）壳体焊接的反变形

e）上盖板预留收缩余量　f）腹板预制上拱度

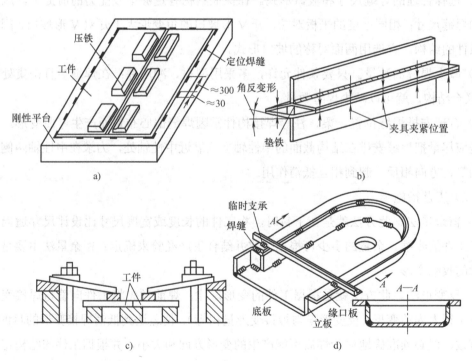

图 4-12　刚性固定法

a）薄板焊接时的刚性固定　b）T 形梁的刚性固定与反变形　c）对接拼板时的刚性固定

d）防护罩焊接时的临时支承

48

②将工件组合成刚度更大或对称的结构。T 形梁焊接时容易产生角变形和弯曲变形，如图 4-12b 所示，将两根 T 形梁组合在一起，使焊缝对称于结构截面的中性轴，同时也大大地增加了结构的刚度，配合反变形法（采用垫铁），采用合理的焊接顺序，对防止弯曲变形和角变形有利。

③利用焊接夹具增加结构的刚度和拘束。图 4-12c 所示为利用夹紧器将工件固定，以增加工件的拘束，防止工件产生角变形和弯曲变形的应用实例。

④利用临时支承增加结构的拘束。可在容易发生变形的部位焊上一些临时支承或拉杆，增加局部的刚度，这样能有效地减小焊接变形。图 4-12d 所示为防护罩用临时支承来增加拘束的应用实例。

4）选择合理的装配焊接顺序。

①大型而复杂的焊接结构，只要条件允许，把它分成若干个结构简单的部件，单独进行焊接，然后再总装成整体。这种"化整为零，集零为整"的装配焊接方案的优点是：部件的尺寸和刚度已减小，利用胎夹具克服变形的可能性增加；交叉对称施焊，工件翻转与变位也变得容易；更重要的是，可以把影响总体结构变形的因素分散到各个部件中，以减小或清除其不利影响。注意，所划分的部件应易于控制焊接变形，部件总装时焊接量少，同时也便于控制总变形。

②正在施焊的焊缝应尽量靠近结构截面的中性轴。

③对于焊缝非对称布置的结构，装配焊接时应先焊焊缝少的一侧。如图 4-13a 所示压力机的压型上模横梁，截面中性轴以上的焊缝多于中性轴以下的焊缝，若装配焊接顺序不合理，最终将产生下挠的弯曲变形。解决的方法是先由两人对称地焊接 1 和 1′ 焊缝，如图 4-13b。此时将产生较大的上拱弯曲变形并增加了结构的刚度，再按图 4-13c 所示的位置焊接焊缝 2 和 2′，产生下挠弯曲变形。最后按图 4-13d 所示的位置焊接焊缝 3 和 3′，产生下挠弯曲变形，这样上拱弯曲变形和下挠弯曲变形大小近似相等，并且方向相反，弯曲变形基本相互抵消。

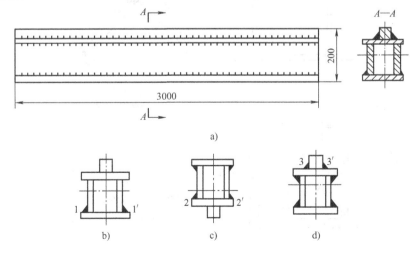

图 4-13　压力机的压型上模横梁的焊接顺序

a）压型上模结构图　b）、c）、d）焊接顺序

④焊缝对称布置的结构,应由偶数个焊工对称地施焊。图 4-14a 所示的圆筒体对接焊缝,应由两名焊工对称地施焊。

⑤长焊缝(1m 以上)焊接时,可采用图 4-14b 所示的方向和顺序进行焊接,以减小其焊后的收缩变形。

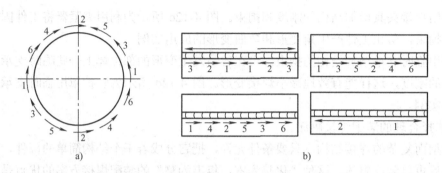

图 4-14 对称结构和长焊缝的焊接顺序

a)圆筒体对接焊缝的焊接顺序 b) 长焊缝的几种焊接顺序

5)合理地选择焊接方法和焊接参数。焊接热输入是影响变形量的关键因素。当焊接方法确定后,在保证熔透和焊缝无缺欠的前提下,应尽量采用小的焊接热输入。能量集中和热输入较低的焊接方法,可有效地降低焊接变形。如用 CO_2 气体保护焊,比用气焊和焊条电弧焊的变形小得多。钨极脉冲氩弧焊、激光焊、电子束焊等焊接方法的能量更集中。

6)热平衡法。对于某些焊缝不对称布置的结构,焊后往往会产生弯曲变形。如果在与焊缝对称的位置上采用气体火焰与焊接同步加热,只要加热的工艺参数选择适当,就可以减小或防止工件的弯曲变形,如图 4-15a 所示。

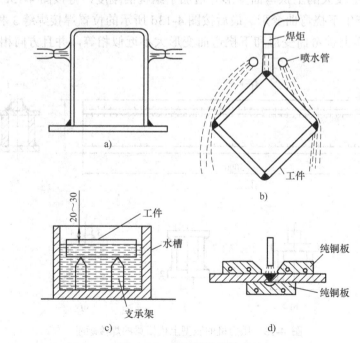

图 4-15 热平衡法和散热法

7）散热法。散热法就是利用各种方法将施焊处的热量迅速散走，减小焊缝及其附近的受热区，同时还使受热区的受热程度大大降低，达到减小焊接变形的目的。图 4-15b 所示为喷水法散热；图 4-15c 所示为水浸法散热，图 4-15d 所示为采用纯铜板中钻孔通水的散热垫法散热。

在焊接结构的实际生产中，应充分估计各种变形，分析各种变形的变形规律，根据现场条件选用一种或几种方法，有效地控制焊接残余变形。

3. 矫正焊接残余变形的方法

影响焊接残余变形的因素太多，生产中难免产生焊接残余变形。当焊接残余变形超出技术要求时，必须矫正工件的变形。

（1）手工矫正法　手工矫正法是利用锤子等工具锤击工件的变形处，以消除工件的不直度，主要用于一些小型、简单工件的变形。

（2）机械矫正法　机械矫正法是利用机械工具，如千斤顶、拉紧器、压力机等，来矫正焊接残余变形。手工矫正法和机械矫正法，一般适用于形状简单、材料塑性较好的工件。

（3）火焰加热矫正法　火焰加热矫正法是利用火焰局部加热（有点状加热、线状加热和三角形加热等形式），使工件产生反向变形，抵消焊接残余变形。火焰加热矫正法在生产中应用广泛，主要用于矫正弯曲变形、角变形、波浪变形和扭曲变形。

4. 焊接残余应力的分布

（1）焊接残余应力的分类

1）按应力在工件内的空间位置分类：

①一维空间应力，即单向（或单轴）应力。应力沿工件一个方向作用。

②二维空间应力，即双向（或双轴）应力。应力在一个平面内不同方向上作用，常用平面直角坐标表示，如 σ_x、σ_y。

③三维空间应力，即三向（或三轴）应力。应力在空间所有方向上作用，常用三维空间直角坐标表示，如 σ_x、σ_y、σ_z。

厚板焊接时出现的焊接应力是三向的。随着板厚减小，沿厚度方向的应力（习惯上指 σ_z）相对较小，可将其忽略而看成双向应力 σ_x、σ_y。

2）按产生应力的原因分类：

①热应力。它是在焊接过程中，工件内部温度有差异引起的内应力，故又称为温差应力。

②相变应力。它是焊接过程中局部金属发生相变，其比体积增大或减小而引起的内应力。

③塑变应力。它指金属局部发生拉伸或压缩塑性变形后所引起的内应力。

（2）焊接残余应力的分布　在厚度不大（<20mm）的焊接结构中，残余应力基本上是纵、横双向的，厚度方向的残余应力很小，可以忽略。

1）纵向残余应力 σ_x 的分布。作用方向平行于焊缝轴线的残余应力称为纵向残余应力。焊缝及其附近区域的纵向残余应力为拉应力，一般可达到材料的屈服强度。随着离焊缝距离的增加，拉应力急剧下降并转为压应力。宽度相等的两板对接时，其纵向残余应力在工件横截面上的分布情况，如图 4-16a 所示。图 4-16b 所示为板边堆焊时，其纵向残余应力在工件横截面上的分布。板对接时，宽度相差越大，宽板中的应力分布越接近于板边堆焊时的情况。宽度相差较小时，应力分布近似于等宽板对接时的情况。

纵向残余应力在工件纵向截面上的分布规律，如图 4-17 所示。在工件纵向截面端头，纵向残余应力为零。焊缝端部存在一个残余应力过渡区，焊缝中段是残余应力稳定区。当焊缝较短时，不存在稳定区。焊缝越短，σ_x 越小。

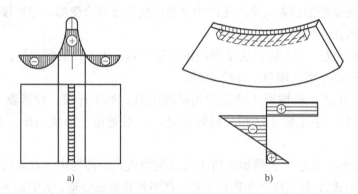

图 4-16 对接接头纵向残余应力分布、板边堆焊时纵向残余应力分布

a）对接接头纵向残余应力分布 b）板边堆焊时纵向残余应力分布

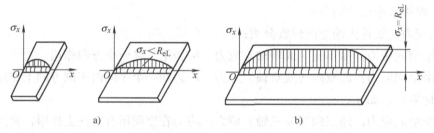

图 4-17 纵向残余应力在工件纵向截面上的分布规律

a）短焊缝 b）长焊缝

2）横向残余应力 σ_y 的分布。垂直于焊缝轴线的残余应力称为横向残余应力。

横向残余应力 σ_y 的产生原因比较复杂：一部分是由焊缝及其附近塑性变形区的纵向收缩引起的横向残余应力，用 σ'_y 表示；另一部分是由焊缝及其附近塑性变形区的横向收缩的不均匀和不同时性所引起的横向残余应力，用 σ''_y 表示。

①焊缝及其附近塑性变形区的纵向收缩引起的横向残余应力 σ'_y。图 4-18a 所示为由两块平板条对接而成的工件。如果假想沿焊缝中心将工件一分为二，即两块平板条都相当于板边堆焊，将出现图 4-18b 所示的弯曲变形，要使两平板条恢复到原来位置，必须在焊缝中部加上横向拉应力，在焊缝两端加上横向压应力。由此可以推断，焊缝及其附近塑性变形区的纵向收缩引起的横向残余应力，如图 4-18c 所示，其两端为压应力，中间为拉应力。

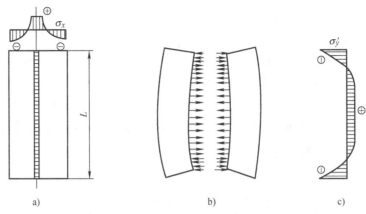

图 4-18 纵向收缩引起的横向残余应力

②横向收缩所引起的横向残余应力 σ''_y。在焊接结构上的一条焊缝不可能同时完成，总有先焊和后焊之分，先焊的部分先冷却，后焊的部分后冷却。先冷却的部分又限制后冷却部分的横向收缩，这就引起了 σ''_y。σ''_y 的分布与焊接方向、分段方法及焊接顺序等因素有关。图 4-19 所示为不同焊接方向时 σ''_y 的分布。如果将一条焊缝分两段焊接，当从中间向两端焊时，中间部分先焊先收缩，两端部分后焊后收缩，则两端部分的横向收缩受到中间部分的限制，因此 σ''_y 的分布是中间部分为压应力，两端部分为拉应力，如图 4-19a 所示；相反，如果从两端向中间部分焊接时，中间部分为拉应力，两端部分为压应力，如图 4-19b 所示。

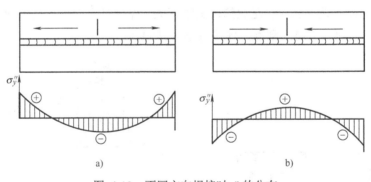

图 4-19 不同方向焊接时 σ''_y 的分布

总之，横向残余应力的两个组成部分 σ'_y、σ''_y 同时存在，工件中的横向残余应力 σ_y 是由 σ'_y、σ''_y 合成的，但它的大小要受屈服强度 R_{eL} 的限制。

焊接残余应力对焊接结构有着巨大的影响，主要体现在对焊接结构强度的影响，对加工尺寸精度的影响，对受压杆件稳定性的影响。

5. 控制焊接残余应力的措施

在焊接结构制造过程中，应采取一些适当的措施以减小焊接残余应力。一般来说，可以从设计和工艺两方面着手。设计焊接结构时，在不影响结构使用性能的前提下，应尽量考虑采用能减小和改善焊接残余应力的设计方案；另外，在制造过程中还要采取一些必要的工艺措施，以使焊接残余应力减小到最低程度。

（1）设计措施

1）尽量减少结构上焊缝的数量和焊缝尺寸。多一条焊缝就多一处内应力源；过大的焊缝尺寸，焊接时受热区加大，使压缩塑性变形区增大，残余应力与变形量增大。

2）避免焊缝过分集中，焊缝间应保持足够的距离。焊缝过分集中不仅使应力分布更不均匀，而且还能出现双向或三向复杂的应力状态。压力容器设计规范在这方面要求严格，图 4-20 所示为其中一例。

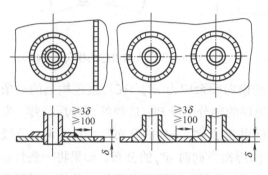

图 4-20　容器接管焊缝

3）采用刚度较小的接头形式。图 4-21 所示为容器与接管之间连接接头的两种形式。插入式连接的拘束度比翻边式大。图 4-21a 所示焊缝上可能产生双向拉应力；而图 4-21b 所示焊缝上主要是纵向残余应力。

如图 4-22 所示的两个例子，左边的接头刚度大，焊接时引起很大拘束应力而极易产生裂纹；右边的接头已削弱了局部刚度，焊接时不会开裂。

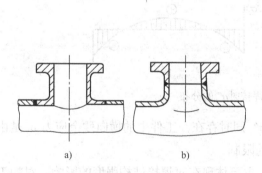

图 4-21　容器与接管之间连接接头的两种形式

a）插入式　b）翻边式

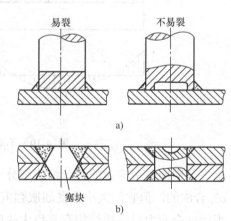

图 4-22　减小接头刚性措施

（2）工艺措施

1）采用合理的装配焊接顺序和方向，要能使每条焊缝尽可能自由收缩。

①同一平面上的焊缝，焊接时应保证焊缝的纵向和横向收缩比较自由。如图 4-23a 所示

的拼板焊接，合理的焊接顺序应该是先焊接相互错开的短焊缝 1～7，后焊长焊缝 8～10。

②工作时受力最大的焊缝应先焊。图 4-23b 所示的大型工字梁，应先焊受力最大的翼板对接焊缝 1，再焊腹板对接焊缝 2，最后焊预先留出来的一段角焊缝 3。

③收缩量最大的焊缝应先焊。图 4-23c 所示的带盖板的双工字梁结构，应先焊盖板上的对接焊缝 1，后焊盖板与工字梁之间的角焊缝 2。

④焊接平面交叉焊缝时，在焊缝的交叉点易产生较大的焊接残余应力。几种 T 形接头焊缝和十字形接头焊缝，应采用图 4-24 a～c 所示的焊接顺序，才能避免在焊缝的相交点产生裂纹及夹渣等缺欠。图 4-24d 所示为不合理的焊接顺序。

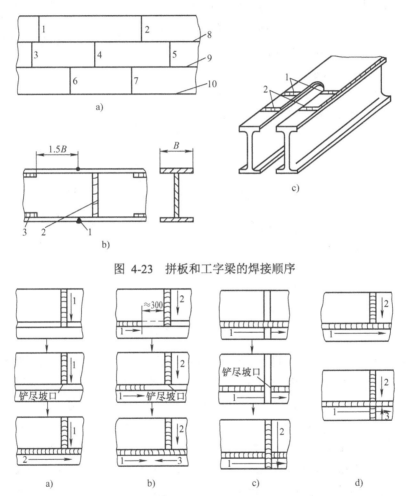

图 4-23　拼板和工字梁的焊接顺序

图 4-24　平面交叉焊缝的焊接顺序

⑤对接焊缝与角焊缝交叉的结构，如图 4-25 所示。对接焊缝 1 的横向收缩量大，必须先焊对接焊缝 1，后焊角焊缝 2。反之，如果先焊角焊缝 2，则焊接对接焊缝 1 时，其横向收缩不自由，极易产生裂纹。

2）预热法。预热法是在施焊前，先将工件局部或整体加热到 150～650℃。对于焊接或补焊淬硬倾向较大材料的工件以及刚度较大或脆性材料工件时，常常采用预热法。

3）冷焊法。冷焊法是通过减少工件受热来减小焊接部位与结构上其他部位间的温度差。具体做法有尽量采用小的焊接热输入施焊，选用小直径焊条，小电流、快速焊及多层多道焊。另外，应用冷焊法时，环境温度应尽可能高。

4）降低焊缝的拘束度。平板上镶板的封闭焊缝焊接时拘束度大，焊后焊缝纵向和横向拉应力都较大，极易产生裂纹。为了降低残余应力，应设法降低该封闭焊缝的拘束度。焊前对平板的边缘适当翻边或对镶板进行压凹，做出反变形，焊接时拘束度降低。若镶板收缩余量预留得适当，焊后残余应力可减小且镶板与平板平齐，如图4-26所示。

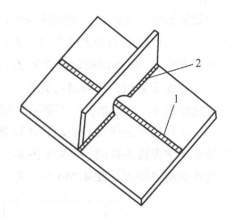

图 4-25　对接焊缝与角焊缝交叉的结构

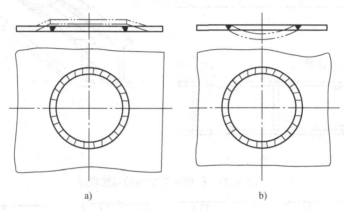

图 4-26　降低局部刚度减少内应力

a）平板少量翻边　b）镶板压凹

5）加热"减应区"法。焊接时加热那些阻碍焊接区自由伸缩的部位（称"减应区"），使之与焊接区同时膨胀或同时收缩，起到减小焊接残余应力的作用，此方法称为加热"减应区"法。如图4-27所示，框架中心已断裂，需修复。若直接焊接断口处，焊缝横向收缩受阻，在焊缝中有相当大的横向应力。若焊前在工件两侧的"减应区"处同时加热，两侧受热膨胀，使中心断口间隙增大。此时对断口处进行焊接，焊后两侧也停止加热。于是焊缝和两侧加热区同时冷却收缩，互不阻碍，结果减小了焊接残余应力。此方法在铸铁补焊中应用最多，也最有效。图4-28所示为典型工件"减应区"选择的实例。

6. 消除或减小焊接残余应力

虽然在结构设计时考虑了焊接残余应力的问题，在工艺上也采取了一定的措施来防止或减小焊接残余应力，但由于焊接残余应力的复杂性，结构焊接完以后仍然可能存在较大的焊接残余应力。另外，有些结构在装配过程中还可能产生新的残余应力。这些焊接残余应力及装配应力都会影响结构的使用性能。焊后是否需要消除或减小残余应力，通常由设计部门根据钢材的性能、板厚、结构的制造及使用条件等多种因素综合考虑后决定。常用消除或减小残余应力的方法如下。

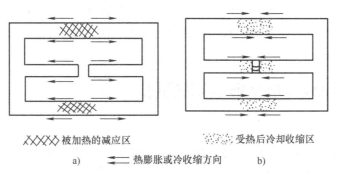

XXXXX 被加热的减应区　　　　受热后冷却收缩区

a)　　← 热膨胀或冷收缩方向　　b)

图 4-27　加热"减应区"法示意图

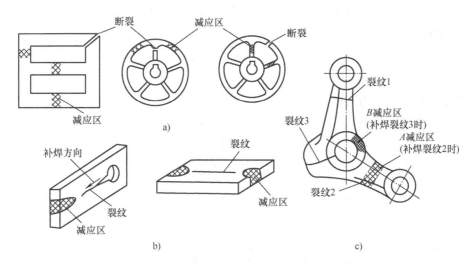

图 4-28　典型工件"减应区"选择的实例

a) 框架与杆系类构件加热区　b) 以边、角、棱等处作加热区　c) 机车摇臂断裂补焊加热区

（1）热处理法　热处理法是利用材料在高温下屈服强度下降和蠕变现象来达到松弛焊接残余应力的目的，同时热处理法还可改善焊接接头的性能。生产中常用的热处理法有整体热处理法和局部热处理法两种。

（2）机械拉伸法　机械拉伸法是采用不同方式在工件上施加一定的拉应力，使焊缝及其附近产生拉伸塑性变形，与焊接时在焊缝及其附近所产生的压缩塑性变形相互抵消一部分，达到松弛焊接残余应力的目的。在压力容器制造的最后阶段，通常要进行水压试验，其目的之一也是利用加载来消除部分残余应力。

（3）温差拉伸法　温差拉伸法的基本原理与机械拉伸法相同，其不同点是机械拉伸法采用外力进行拉伸，而温差拉伸法是采用局部加热形成的膨胀力来拉伸压缩塑性变形区。

（4）锤击焊缝　在焊后用锤子或一定直径的半球形风锤锤击焊缝，可使焊缝金属产生延伸变形，能抵消压缩塑性变形，起到减小焊接残余应力的作用。锤击要适度，以免锤击过度产生裂纹。

（5）振动法　它是利用偏心轮和变速电动机组成的激振器，使结构发生共振所产生的循环应力来降低内应力的。振动法所用设备简单、价格低廉，节省能源，处理费用低，时间短，也没有高温回火时的金属表面氧化等问题。因此目前在焊件、铸件、锻件生产中，为了提高尺寸稳定性多采用此方法。

任务 3　焊接残余变形量测量试验

1. 试验要求

在规格不同的钢板上用不同的焊接参数进行平面堆焊，完成纵向残余变形量、横向残余变形量及角变形量测量，并进行比较。

2. 焊接参数

试件：两块 200mm×150mm×8mm 试件；两块 200mm×100mm×8mm 试件。

焊条：E4303，ϕ3.2mm 和 ϕ4.0mm 各若干根。

焊接电流：ϕ3.2mm 焊条为 100~120A；ϕ4.0mm 焊条为 160~200A。

短弧焊接。

3. 焊接残余变形量的测量（分组完成）

1）在试件的正反面各划一条中心线，其中一侧线为焊接参考线。

2）在试件的正反面中心线两侧各划一条直线，作为测量线。

3）沿着测量线打样冲眼（每排 9 个），如图 4-29 所示。

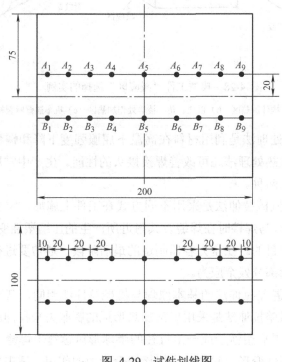

图 4-29　试件划线图

4）分组完成焊接。

5）测量正反面测量线上对称样冲眼的距离，并填写表 4-1 和表 4-2。

表 4-1　纵向残余变形量记录表

试件号＿＿＿＿＿　规格＿＿＿＿＿　焊条直径＿＿＿＿＿　焊接电流＿＿＿＿＿　第＿＿＿＿＿小组

	A 线				B 线			
	1~9	2~8	3~7	4~6	1~9	2~8	3~7	4~6
焊前正面								
焊前反面								
焊后正面								
焊后反面								

表 4-2　横向残余变形量记录表

试件号＿＿＿＿＿　规格＿＿＿＿＿　焊条直径＿＿＿＿＿　焊接电流＿＿＿＿＿　第＿＿＿＿＿小组

	1线	2线	3线	4线	5线	6线	7线	8线	9线
	A~B	A~B	A~B	A~B	A~B	A~B	A~B	A~B	A~B
焊前正面									
焊前反面									
焊后正面									
焊后反面									

6）测量试件焊前、焊后的角度，并填写表 4-3。

表 4-3　角变形量记录表

试件号＿＿＿＿＿　规格＿＿＿＿＿　焊条直径＿＿＿＿＿　焊接电流＿＿＿＿＿　第＿＿＿＿＿小组

	1线	5线	9线	A 线	B 线
焊前正面					
焊前反面					
焊后正面					
焊后反面					

7）对测量数据进行对比和分析，并根据对比谈谈自己对焊接变形的认识。

复习与思考

1）简述焊接应力和焊接变形的概念。

2）控制焊接残余变形的措施有哪些？

3）控制焊接残余应力的措施有哪些？

4）焊接变形与焊接应力产生的原因是什么？

5）如何矫正焊接残余变形？

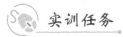

实训任务

分组完成平面对焊，并对变形量进行测量。

项目5 焊接冶金基础

考发记者书等价记

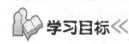 **学习目标** ≪

```
了解焊接温度场。
了解焊接热循环。
通过实验进一步了解热循环。
了解焊接的冶金特点。
了解和掌握控制和改善焊接接头性能的方法。
```

任务1 焊接热过程

在工件的焊接部位，一般须经历加热→熔化→冶金反应→凝固结晶→固态相变→形成接头等过程。在焊接热源作用下金属局部被加热与熔化，同时出现热量传播和分布的现象，而且这种现象贯穿整个焊接过程的始终，这就是焊接热过程。

（1）焊接热过程的特点

1）焊接热量集中作用在工件连接部位，而不是均匀加热整个工件。

2）热作用的瞬时性。焊接时，热源以一定速度移动，工件上任一点受热的作用都具有瞬时性，即随时间而变化。

（2）焊接热过程对焊接质量的影响

1）焊接热过程决定了焊接熔池的温度和存在时间。

2）在焊接热过程中，由于热传导的作用，近缝区可能产生淬硬、脆化或软化现象。

3）焊接是不均匀加热和冷却的过程。

4）焊接热过程对焊接生产率发生影响。

1. 焊接热源

焊接需要外加能量，对于熔焊主要是热能。现代焊接发展趋势是逐步向高质量、高效率、低劳动强度和低能耗的方向发展。用于焊接的热量总是希望高度集中，能快速完成焊接过程，并能保证得到热影响区最窄及焊缝致密的接头。

（1）常用的焊接热源　生产中常用的焊接热源有以下几种。

1）电弧热：利用熔化或不熔化的电极与工件之间的电弧所产生的热量进行焊接。电弧是目前应用最广的焊接热源。

2）化学热：利用可燃性气体（如乙炔、液化石油气等）燃烧时放出的热量，或热剂（由一定成分的铝粉或镁粉、氧化铁粉、铁屑或铁合金等按一定比例配制而成）在一定温度下进行反应所产生的热量进行焊接。

3）电阻热：利用电流通过接头的接触面及邻近区域所产生的电阻热，或电流通过熔渣时所产生的电阻热进行焊接。

4）摩擦热：利用机械摩擦所产生的热量进行焊接。

5）等离子弧：借助水冷喷嘴对电弧的拘束作用，获得高电离度和高能量密度的等离子弧所产生的热量进行焊接。

6）电子束：利用加速和聚焦的电子束轰击置于真空或非真空中的工件表面，使动能转变为热能而进行焊接。

7）激光束：以经过聚焦的激光束轰击工件时所产生的热量进行焊接。

8）高频感应热：对于有磁性的金属，利用高频感应产生的二次电流作为热源，在局部集中加热进行焊接。

（2）现代焊接技术对热源的要求　热源的性能不仅影响焊接质量，而且对焊接生产率有着决定性的作用。先进的焊接技术要求热源能够进行高速焊接，并能获得致密的焊缝和最小的加热范围。通常从以下三个方面对焊接热源进行对比。

1）最小加热面积：在保证热源稳定的条件下加热的最小面积，单位为 cm^2。

2）最大功率密度：热源在单位面积上的最大功率。在功率相同时，热源加热面积越小，则功率密度越高，表面热源的集中性越好。

3）在正常的焊接参数条件下能达到的温度：在正常的焊接参数条件下能达到的温度越高，则加热速度越快，因而可用来焊接高熔点金属，具有更宽广的应用范围。

理想的热源应该是具有加热面积小、功率密度大、加热温度高等特点，等离子弧、电子束、激光束等属于此类焊接热源。

2. 焊接温度场

热量的传递共有传导、对流、辐射三种基本方式。在焊接过程中热源的热量传递到工件上主要是通过对流和辐射；母材与焊丝获得热量后在其内部的传递则以传导为主。

焊接温度场是指某一瞬间工件上各点的温度分布。图 5-1 所示为典型的焊接温度场。与磁场、电场一样，焊接温度场观察的对象是空间的一定范围，具体说就是工件上各点的温度分布情况。工件上的温度不仅分布不均匀，而且因热源的运动还将使各点的温度随时间而变化。因此焊接温度场是某一瞬时的温度场。

图 5-2 所示为焊接温度场分解到平面时的情况。图 5-2a 所示为在 y 方向距焊缝中心线不同距离的温度分布情况；图 5-2c 所示为在 x 方向距热输入点不同距离的温度分布情况；图 5-2b 所示为利用工件上温度相同的点连成等温线来表示的温度分布情况，若在体积内，则能连成等温面。

影响焊接温度场的因素很多，其中主要有以下几个方面。

1）热源的性质。由于热源的性质不同，焊接时温度场的分布也不同。热源越集中，则加热面积越小，温度场中等温线（或面）的分布就越密集。

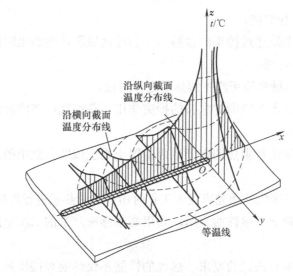

图 5-1　典型的焊接温度场

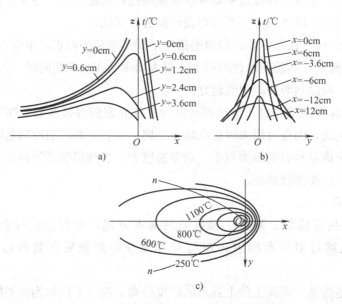

图 5-2　焊接温度场分解到平面时的情况

2）焊接参数。焊接参数是焊接时为保证焊接质量而选定的各项参数的总称，包括焊接电流、电弧电压、焊接速度、热输入等。同样的焊接热源，由于采用的焊接参数不同，对温度场的分布也有很大影响，其中影响最大的参数是有效热功率 P 和焊接速度。

3）被焊金属的热物理性能。同样形状尺寸的工件，在相同热源的作用下，由于金属材料的热物理性能不同，也会有不同的温度场。热导率、比热容、焓及表面传热系数对焊接温度场的分布均产生一定影响。图 5-3 所示为相同热功率和热源移动速度条件下，不同材料金属板上的温度场。

4）被焊金属的几何尺寸。被焊金属的几何尺寸会直接影响导热面积和导热方向。金属的导热能力一般都明显高于周围的介质，因此来自热源的热量大部分在金属内部传递。工件的尺寸越大，内部热量越多，传递速度越快，热源附近的冷却速度也越高。

3. 焊接热循环

（1）焊接热循环及其特征　在焊接过程中热源沿工件移动时，工件上某点的温度随时间由低而高达到最大值后又由高而低变化称为焊接热循环。图 5-4 所示为电弧焊热影响区中各指定点的热循环，其描述了焊接热源对母材金属各点热的作用历程。由此可见，焊接是一不均匀加热和冷却的过程，其给母材造成了不均匀的组织和不均匀的性能，又使工件产生复杂的应变和应力。掌握近缝区的热循环，对于控制和提高焊接质量相当重要。

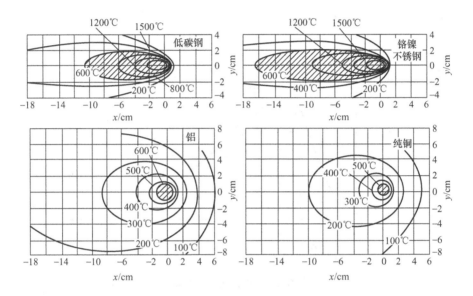

图 5-3　相同热功率和热源移动速度条件下，不同材料金属板上的温度场

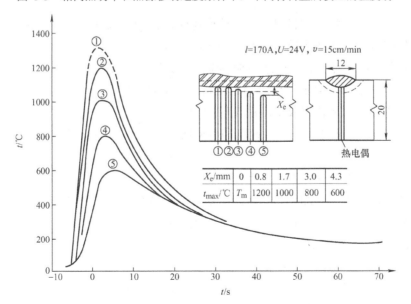

图 5-4　电弧焊热影响区中各指定点的热循环

从图 5-4 中看出焊接热循环有以下三个特征。

1）加热最高温度（即峰值温度）随着离焊缝中心线距离增大而迅速下降。

2）达到峰值温度所需的时间随着离焊缝中心线距离增大而增加。

3）加热速度和冷却速度都随着离焊缝中心线距离增大而下降，即曲线从陡峭变为平缓。

（2）焊接热循环的主要参数　焊接热影响区上任一点的焊接热循环均可用图 5-4 所示的温度—时间曲线表示。任取其中一条，如图 5-5 所示。在该曲线上能够反映其热循环特征的，并对金属组织与性能发生影响的参数主要有加热速度 v_h、峰值温度 T_m、高温停留时间 t_h 在某一温度 T_c 时的瞬时冷却速度 v_c 等。

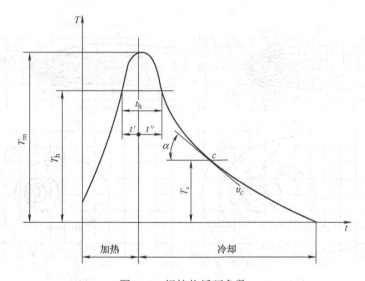

图 5-5　焊接热循环参数

T_c—c点瞬时温度　T_h—相变温度　t'—加热过程的停留时间　t''—冷却过程的停留时间

1）加热速度 v_h。焊接钢材时，加热速度越快，钢中奥氏体的均质化和碳化物溶解就越不充分，必然影响到焊接热影响区冷却后的组织与性能。

2）峰值温度 T_m。峰值温度即最高加热温度，其决定着焊后母材的组织与性能。

3）高温停留时间 t_h。高温停留时间指在相变温度以上的停留时间。该时间对于金属相的溶解、析出、扩散、均质化以及晶粒粗化等影响很大。

4）冷却速度和冷却时间。冷却速度和冷却时间是影响焊接热影响区组织与性能的主要因素。

研究焊接热循环特征参数对于改善接头的组织与性能、提高焊接质量具有重要意义。当了解这些参数时，就可以预测热影响区的组织性能和裂纹倾向；反之，根据对热影响区组织和性能的要求，可以合理地选择热循环特征参数，并制订正确的焊接参数。

（3）焊接热循环的主要特点

1）加热速度快且温度高。焊接过程是一个不均匀加热和冷却过程，对于焊缝及临近的母材金属可以看成是经历一次特殊的热处理。紧邻熔池区域的最高温度比一般热处理的温度都高，所以容易发生过热，该区域在结晶时发生晶粒严重粗化的情况。

2）急速冷却。焊接热源一旦离开熔池，熔池就会急速冷却，使焊接接头相当于经历了一次淬火处理而形成淬硬组织，加剧了焊接冷裂纹的产生。

3）局部加热。焊接时，焊接热源只是对待焊部位进行了局部集中加热，并且随热源移动，加热的范围也随之移动。局部加热将会产生焊接应力和焊接变形。

（4）影响焊接热循环的主要因素　影响焊接热循环的因素与影响温度场的因素基本相同，主要是热源的种类及功率、被焊金属的热物理性能、被焊金属的几何尺寸等。总之，凡是使热输入值或热量传递速度发生变化的因素都会对热循环参数产生影响。

1）热输入。热输入增大时，会使最高加热温度升高、相变温度以上停留时间延长，冷却速度显著降低。焊接热输入的变化实际就是焊接电流、焊接速度、电弧电压等焊接参数的变化。

2）预热温度。预热温度的影响效果完全类似于焊接热输入。提高预热温度会使热影响的宽度范围增大；但与热输入相反，提高预热温度可以显著降低冷却速度，但不会明显影响相变温度以上的停留时间。

3）焊接方法。当热输入相同时，焊接方法对焊接热循环也有一定的影响。几种常用的焊接方法中，埋弧焊时冷却速度最慢，焊条电弧焊时冷却速度快；氩弧焊与 CO_2 气体保护焊两者基本相同，均比埋弧焊时冷却速度快。

4）焊接接头尺寸形状。接头尺寸形状不同，导热情况就有差异。T 形接头或角接接头与同样板厚的对接接头相比，前者的冷却速度约为后者的 1.5 倍。同一坡口形式，板厚增加时，冷却速度也随之增大。

5）焊道长度。在接头形式与焊接条件相同时，焊道越短，其冷却速度越快。当焊道长度小于 40mm 时，冷却速度会急剧增加；弧坑处的冷却速度最高，约为焊缝中部的两倍，比引弧端也要高 20% 左右。

（5）调节焊接热循环的方法

1）根据被焊金属的成分和性能选择适用的焊接方法。

2）合理选用焊接参数。

3）采用预热或缓冷等措施降低冷却速度。对某些要求快冷的材料也可以采用某些强制冷却的措施以提高冷却速度。

4）调整多层焊的层数或焊道长度，控制层间温度。

（6）多层焊的焊接热循环

1）长段多层焊各点的热循环，如图 5-6 所示。焊接第一层焊缝时，各点的温度如虚线所示；焊接第二层焊缝时，各点的温度如点画线所示；焊接第三层焊缝时，各点的温度如实线所示。可以看出焊接时，各点都多次在 Ms 线附近波动，即多次进行了马氏体转变。

2）短段多层焊（长度 50~400mm）各点的热

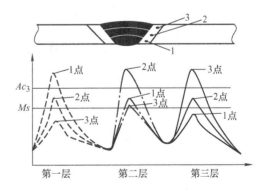

图 5-6　长段多层焊各点的热循环

循环，如图 5-7 所示。

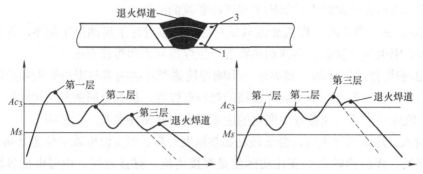

图 5-7　短段多层焊各点的热循环

1 点在焊接过程中，温度由最高温度（高于 Ac_3）逐渐下降，在 $Ac_3 \sim Ms$ 线间呈波浪式下降，在焊接过程中只进行了一次马氏体转变；3 点也是只进行一次马氏体转变。由于马氏体转变过程对焊接热影响区的组织和性能有较大的影响，减少马氏体转变次数有益于改善焊缝的质量。在有退火焊道的情况下，会使第三层焊道的性能得以改善。

任务 2　焊接热循环试验

1. 试验要求

通过焊接实验，了解焊接参数、焊道长度等影响焊接热循环的因素对工件变形的影响。

用统一规格的工件，用不同的焊接方法（焊条电弧焊和 CO_2 气体保护焊）、焊接电流、焊接顺序完成工件的焊接。焊接热循环实验工件图，如图 5-8 所示。

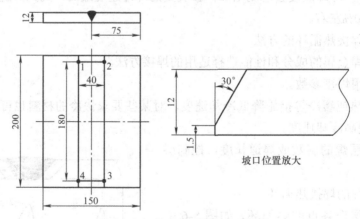

图 5-8　焊接热循环实验工件图

2. 焊接参数

1）方法一，焊条电弧焊：$\phi 4.0$mm 焊条；焊接电流 160~200A；焊缝层数为三层，第一层焊接电流 160A，其余层焊接电流 200A。

2）方法二，焊条电弧焊：$\phi 4.0$mm 焊条；焊接电流 160~200A；焊缝层数为三层，第一层焊接电流 160A，其余层焊接电流 200A；焊道分两段完成，每段焊缝长度 100mm。

3）方法三，焊条电弧焊：ϕ3.2mm 焊条；焊接电流 110A；焊缝层数为四层。

4）方法四，CO_2 气体保护焊；焊丝直径 1.2mm；焊接电流 140A；电弧电压 20~21V；焊接速度 20m/h；气体流量 6-8L/min；焊缝层数为两层。

焊条均为 E4303，焊丝为 ER49-1。

3. 板板对接 V 形坡口焊接操作

（1）组对 在工作台上完成工件的组对，焊缝无间隙（小于 0.3mm），在板的坡口面定位，定位点为三点（两侧及中部），工件不进行反变形。

（2）确定测量线

1）在组对好的工件上划相距 40mm 的纵向平行线和相距 180mm 的横向平行线（正反面）。

2）测量线上打八个样冲眼（正反面）作为测量点，按顺时针方向标记序号 1~4。

3）用游标卡尺和角度尺测量好工件的原始数据（焊前），填写焊接变形记录表（表 5-1）。

表 5-1　焊接变形记录表

	横向				纵向				收缩	横向角变形		角度
	焊前		焊后		焊前		焊后		变形量排序	焊前	焊后	变形量排序
	1~2 距离	3~4 距离	1~2 距离	3~4 距离	1~4 距离	2~3 距离	1~4 距离	2~3 距离				
方法一												
方法二												
方法三												
方法四												

（3）分组完成四个方法的焊接 在焊接时，根据焊接顺序和方向要求，完成焊接。焊接顺序和方向，如图 5-9 所示。

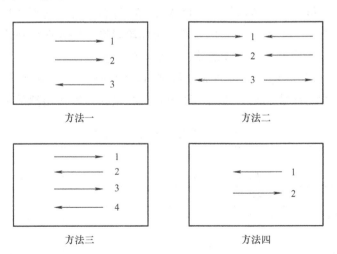

图 5-9　焊接顺序和方向

1）方法一，焊条电弧焊焊接：第三层焊接方向与前两层方向相反。

2）方法二，焊条电弧焊焊接：前两层焊缝在工件边缘起弧，在工件中间收弧；第三层焊缝在工件中间起弧，在工件的边缘收弧。

3）方法三，焊条电弧焊：第二、四层的焊接方向与第一、三层相反。

4）方法四，CO_2气体保护焊：两层焊缝的焊接方向相反。

（4）完成比较分析　工件焊接后，冷却到室温时，用游标卡尺和角度尺测量好数据（焊后），填写焊接变形记录表（表 5-1）。

1）比较四种方法焊后的焊接收缩变形量和角度变形量，进行分析排序。

2）比较方法一和方法二，分析不同的焊接顺序（焊接方向）对焊接工件的影响。

3）比较方法一和方法三，分析焊条电弧焊在焊接参数发生变化时对焊接工件的影响。

4）比较方法一和方法四，分析不同焊接方法对焊接工件的影响。

5）结合焊接热循环的相关知识，分析在焊接每一层焊缝时，工件四个测量点都经历了怎样的焊接热循环；由不同的焊接顺序（焊接方向）、焊接参数、焊接方法而产生的各种类型的焊接热循环，它们对工件焊接变形都造成了怎样的不同结果。

任务3　焊接冶金

焊接过程中，在热源的高温下，焊接区内各种物质间相互作用，发生一系列物理和化学反应的过程，称为焊接冶金过程。

1. 焊接冶金的特点

焊接冶金过程与炼钢过程相比，虽然都是金属加热熔化和冷却凝固的过程，但两者的原材料和冶炼条件却有很大的区别。

（1）对熔池的保护

1）保护的必要性。焊条电弧焊时，如果采用没有药皮保护的光焊丝在空气中焊接，熔化的金属将会与周围的空气发生激烈的化学反应。空气中的氧和氮将会侵入到熔池中，使焊缝金属中氧、氮的质量分数显著增加；并使 Mn、Si 等有益合金元素烧损严重，导致焊缝金属的力学性能和母材相比大大下降；并且采用光焊丝焊接，还存在引弧困难、电弧不稳定、焊丝易黏在工件上、飞溅大、焊缝成形差、容易产生气孔等缺陷。

2）保护方式和效果。焊接冶金首先要加强对熔池的保护，以减少空气造成的危害。实际上大部分的焊接方法都是以此为基础发展和完善起来的。焊接熔池的保护方式见表 5-2。

表 5-2　焊接熔池的保护方式

焊接方法	保护方式
埋弧焊、电渣焊、不含造气物质的焊丝或药芯焊丝焊接	熔渣保护
气焊、在惰性气体或其他保护气体保护中的焊接	气体保护
含有造气物质的焊条或药芯焊丝的焊接	熔渣和气体联合保护
真空电子束焊	排除空气
用含有脱氧、退氮的"自保护"焊丝焊接	自保护

不同的保护方式其保护效果是不一样的。渣-气联合保护方式中的焊条药皮和焊丝药芯中含有造气剂、造渣剂等物质，除了能保护焊接电弧和熔池金属外，熔渣在冷却后凝固形成的熔壳覆盖在焊缝金属的表面，防止高温焊缝金属被空气氧化。渣-气联合保护方式对熔池和焊缝的保护效果好。

埋弧焊采用熔渣保护方式，隔离空气的效果好，其保护效果好于焊条电弧焊。

气体保护焊是采用气体保护方式，其效果取决于保护气体的性质等，其中惰性气体保护焊的保护效果好。

真空电子束焊是在真空室内进行，虽然真空保护不能把空气完全排除，却可以把氧、氮等有害物质降到最低，其保护效果是最理想的。

自保护焊是利用脱氧剂和脱氮剂来把由空气中侵入的氧、氮脱掉。采用自保护的焊缝金属韧性和塑性均偏低，在生产中很少应用。

（2）焊接冶金反应区　焊接冶金反应过程与普通冶金反应过程一样，是分区域（或阶段）进行的，并且各区域的反应条件差异较大，反应进行的可能性、方向、速度和限度是不一样的。不同的焊接方法有不同的冶金反应区。焊条电弧焊有三个反应区，即药皮反应区、熔滴反应区和熔池反应区，如图 5-10 所示。熔化极气体保护焊由于焊丝没有药皮，所以就没有药皮反应区；没有填充金属的气焊、钨极氩弧焊、电子束焊则仅有熔池反应区。

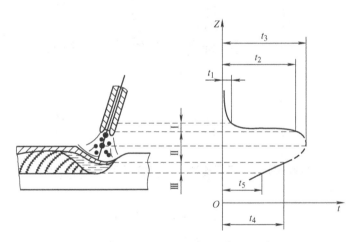

图 5-10　焊条电弧焊冶金反应区示意图

Ⅰ—药皮反应区　Ⅱ—熔滴反应区　Ⅲ—熔池反应区

t_1—药皮开始反应温度　t_2—焊条末端熔滴温度　t_3—弧柱间熔滴温度　t_4—熔池最高温度　t_5—熔池凝固温度

1）药皮反应区。在电弧热作用下，焊条端部固态药皮中的物质随着温度的升高会产生相应的物理和化学反应，如水分的蒸发、物质的分解和铁合金的氧化。

2）熔滴反应区。熔滴反应区包括熔滴形成、长大直至过渡到熔池中的整个过程。该区的反应特点是反应时间短，温度高、熔滴金属与气体和熔渣的接触面积大，熔滴金属与熔渣发生强烈的混合作用。该区反应最为强烈，对焊缝金属成分的影响最大。

3）熔池反应区。熔池反应区指熔滴和熔渣落入熔池中，与熔化的母材金属相混合或接触后，各相进一步发生物理和化学反应，直至冷却凝固，形成焊缝金属的过程。

（3）熔滴过渡　焊丝（条）端头的金属在电弧热作用下被加热熔化形成熔滴，并在各种力的作用下脱离焊丝（条）进入熔池，称为熔滴过渡，如图5-11所示。对熔滴过渡产生影响的因素包括保护气体的种类和成分，焊接电流和电压，焊条的成分和直径等。

1）短路过渡。受电弧热熔化的消耗电极（焊条）前端形成熔滴，熔滴在长大过程中尚未脱离焊条端部时，就与母材熔池发生短路接触，这种过渡形式称为短路过渡。E5015型焊条就是这种短路熔滴过渡形式，在 CO_2 焊接与 MIG 焊接的小电流焊接时也应用这种过渡形式。

2）滴状过渡。焊接电流较小时，熔滴的直径大于焊丝直径，当熔滴的尺寸足够大时，主要依靠重力将熔滴缩颈拉断，熔滴落入熔池，这种过渡形式称为滴状过渡。

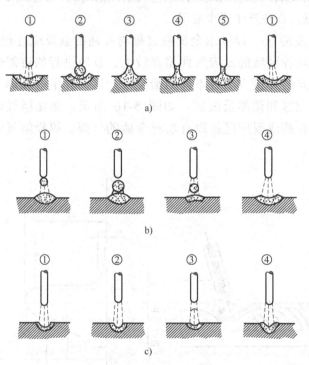

图 5-11　熔滴过渡的形式

a）短路过渡　b）滴状过渡　c）喷射过渡

3）喷射过渡。熔滴呈细小颗粒并以喷射状态快速通过电弧空间向熔池过渡的形式称为喷射过渡。

2. 有害元素对焊缝金属的作用及其控制

在焊接过程中，一些杂质会侵入焊缝。这些杂质对焊缝金属的性能有十分重要的影响。影响较大的元素有氧（O）、氢（H）、氮（N）、硫（S）、磷（P）等，它们是影响焊缝质量的有害元素。

（1）有害元素的作用

1）氧。氧的来源较为广泛，包括各个反应区的氧化气体和熔渣中的氧化物。氧在钢中部分溶入铁素体，另一部分以金属氧化物夹杂形式存在。氧以金属氧化物形式存在于非金属夹杂物中时，对钢的性能有不良的影响。氧含量增加会使钢的强度、塑性、韧性降低，特别是低温冲击韧性急剧下降。另外，氧还会引起热脆、冷脆和时效硬化；氧与碳反应生成 CO，可能形成 CO 气孔和飞溅；氧会使钢中的有益元素发生烧损。

2）氢。氢的主要来源是焊接材料中的水分、空气中的水蒸气、焊丝和工件坡口表面上的铁锈和油污。氢是钢中的有害元素。钢中含氢将使钢材变脆，称为氢脆；氢还会使钢中出现白点，形成气孔等缺欠，这种现象在合金钢中尤为严重。

3）氮。氮是由空气进入焊缝中的。氮是产生焊接气孔的主要因素之一；焊缝中的氮化物会使其塑性、韧性降低，特别是低温冲击韧性急剧下降；氮还会促使焊缝金属产生时效脆化。

4）硫。焊缝中的硫来自母材和焊接材料。硫在钢中几乎不能溶解，而是与铁形成化合物，以 FeS 形式存在。FeS 与 Fe 形成熔点较低的共晶体（熔点为 985℃）。当钢在 1200℃ 左右进行热加工时，分布于晶界的低熔点共晶体将熔化而导致开裂，这种现象称为热脆性。

5）磷。磷主要来自焊接材料中的药皮和焊剂。液态钢中可以溶解较多的磷，冷却凝固后，钢溶解磷的能力急剧下降，造成磷偏析；磷与铁的化合物 Fe_3P 常分布于晶界上，削弱了晶界间的结合力，增加了焊缝金属的冷脆性。

（2）氧、氢、氮的控制

1）限制焊接材料中的氢含量和氧含量。焊接材料中的水分是氢的一个重要来源，焊条药皮和焊剂里的氧化物是氧的一个重要来源。限制氢含量可以通过烘干焊接材料来完成，而限制氧含量只能是通过焊接材料的选择来实现。

2）清除锈蚀、污渍、油渍和保护气体中的水分。母材和焊接材料上的锈蚀、污渍、油渍都会增加焊缝的氧含量、氢含量。焊接前，清理好母材坡口附近和焊接材料上的锈蚀、污渍、油渍，可以有效避免氧、氢含量的增加。焊接保护气体中的水分也要进行去除。

3）选择合理的焊接参数。对焊缝实行好的机械保护，降低焊接电弧（短弧焊接），可以减少空气中的水蒸气、氧气、氮气的侵入。

4）焊后脱氢。焊后加热工件促使氢元素扩散外逸，可以消除白点和氢脆现象。

（3）焊缝的脱氧、脱硫、脱磷

1）脱氧。通过脱氧剂对液态金属中的氧进行排除，常用的方法有锰脱氧、硅脱氧和硅—锰联合脱氧。

2）脱硫。用锰铁作为脱硫剂，减少焊缝中的硫含量。

3）脱磷。熔池金属的脱硫较困难，以氧化铁（FeO）和氧化钙（CaO）作为脱磷剂，完成脱磷。

3. 焊缝结晶过程

焊缝金属从高温的液体状态冷却至常温的固体状态经历了两次结晶过程，即从液态转变为固态的一次结晶过程和在固态焊缝金属中出现同素异构转变的二次结晶过程。

（1）焊缝金属的一次结晶　焊缝金属由液态转变为固态的凝固过程称为焊缝金属的一次结晶，如图 5-12 所示。首先，在熔合线上的半熔化晶粒成为附近液体金属的晶核，结晶开始（图 5-12a）；接着，随着熔池温度不断下降，晶核开始向着与散热方向相反的方向长大，受相邻长大晶粒的阻挡，晶体只能向熔池中心生长，形成柱状结晶（图 5-12b）；最后，当结晶体不断长大并相互接触到一起时，焊缝的这一断面结晶过程结束（图5-12c）。

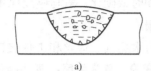 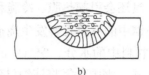 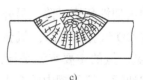

a)　　　　　　　　b)　　　　　　　　c)

图 5-12　焊缝金属的一次结晶

a）结晶开始　b）晶体长大　c）结晶结束

（2）一次结晶过程中的偏析

1）偏析的定义。焊缝金属中化学成分分布不均匀的现象称为偏析。偏析对焊缝的影响很大。它不仅会导致性能改变，同时也是产生裂纹、气孔、夹杂物等焊接缺欠的主要原因之一。

2）偏析的分类。焊缝的偏析主要有显微偏析、区域偏析和层状偏析。

①显微偏析。熔池一次结晶时，最先结晶的结晶中心金属最纯，后结晶部分含其他合金元素和杂质略高，最后结晶部分，即结晶的外端和前缘所含其他合金元素和杂质最高。在一个柱状晶粒内部和晶粒之间的化学成分分布不均匀现象称为显微偏析。

②区域偏析。熔池一次结晶时，由于柱状晶体不断长大和推移，会把杂质"赶"向熔池中心，使熔池中心的杂质含量比其他部位多，这种现象称为区域偏析。焊缝的断面形状对区域偏析的分布影响很大。窄而深的焊缝，各柱状晶的交界在其焊缝的中心，因此焊缝中心聚集有较多的杂质，如图5-13a所示。这种焊缝在其中心部位极易产生热裂纹。宽而浅的焊缝，杂质则聚集在焊缝的上部，如图5-13b所示。这种焊缝具有较高的抗热裂能力。

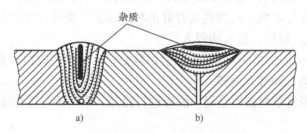

图 5-13　焊缝断面形状对偏析分布的影响

③层状偏析。熔池在一次结晶的过程中，要不断地放出结晶潜热。当结晶潜热达到一定数值时，熔池的结晶就出现暂时停顿。以后随着熔池散热，结晶又重新开始，形成周期性的结晶。伴随着出现结晶前沿液体金属中杂质浓度的周期变动，产生周期性的偏析称为层状偏析。层状偏析集中了一些有害元素，因此缺欠往往出现在层状偏析中。图5-14所示为层状偏析产生的气孔。

（3）焊缝金属的二次结晶　一次结晶结束后，熔池就转变为固体的焊缝。高温的焊缝金属冷却到室温时，要经过一系列的组织相变过程，这种相变过程称为焊缝金属的二次结晶。

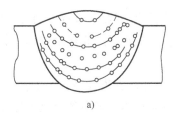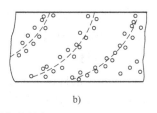

图 5-14 层状偏析产生的气孔

a) 焊缝横截面　b) 焊缝纵截面

以低碳钢为例，一次结晶的晶柱都是奥氏体组织，焊缝金属二次结晶结束时，其组织为铁素体加珠光体。实际上焊缝金属二次结晶时的冷却速度相当快，因此组织中的珠光体含量会增加。冷却速度越高，珠光体含量也越多，焊缝的硬度和强度也随之增加，塑性和韧性则随之降低。

4. 焊接热影响区

在焊接热循环作用下，焊缝两侧处于固态的母材发生明显的组织和性能变化的区域，称为焊接热影响区。图 5-15 所示为不易淬火钢的焊接热影响区组织分布。

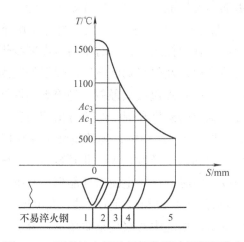

图 5-15　不易淬火钢的焊接热影响区组织分布

1—熔合区　2—过热区　3—正火区　4—不完全重结晶区　5—母材

焊接后，不易淬火钢在空冷条件下不易形成马氏体，如低碳钢、16Mn、15MnV 和 15MnTi 等。不易淬火钢的焊接热影响区，按加热温度和组织特征可划分为熔合区、过热区、正火区和不完全重结晶区。

（1）熔合区（熔合线）　熔合区指在焊接接头中，焊缝向热影响区过渡的区域，又称半熔化区，其金属组织是处于过热状态的组织，塑性很差。熔合区虽然很窄，甚至在显微镜下也很难分辨，但对焊接接头的强度、塑性有很大的影响。熔合区往往是使焊接接头产生裂纹或局部脆性破坏的发源地。

（2）过热区（粗晶区）　加热温度在固相线至 1100℃之间，宽度为 1～3mm。焊接时，该区域内奥氏体晶粒严重长大，冷却后得到晶粒粗大的过热组织，塑性和韧度明显下降。

（3）正火区（细晶区或相变重结晶区）　加热温度在 $1100℃\sim Ac_3$ 范围内，宽度 $1.2\sim4.0mm$。焊后空冷使该区内的金属相当于进行了正火处理，故其组织为均匀而细小的铁素体和珠光体，力学性能优于母材。

（4）不完全重结晶区（也称部分正火区）　加热温度在 $Ac_3\sim Ac_1$。焊接时，只有部分组织转变为奥氏体；冷却后获得细小的铁素体和珠光体，其余部分仍为原始组织，因此晶粒大小不均匀，力学性能也较差。

如果母材焊前经过冷加工变形，温度在 $Ac_1\sim450℃$ 范围内，还有再结晶区。该区域金属的力学性能变化不大，只是塑性有所增加。如果焊前未经冷加工变形，则热影响区中就没有再结晶区。

5. 控制和改善焊接接头性能的方法

焊缝和热影响区的组织特征对接头的力学性能影响很大。控制和改善焊接接头性能的方法有以下几种。

（1）正确选择焊接材料　焊缝金属的成分及性能应与被焊金属相近，利用焊接材料调整焊缝金属。选择低碳及 S、P 质量分数较低的焊接材料。焊接耐热钢、低温钢、不锈钢时，要保证焊缝具有与母材相近的高温性能、低温性能和耐蚀性能。

（2）选择合适的焊接工艺方法　同一接头、同一材料采用不同的焊接方法、焊接工艺时，接头性能会有很大差异。选择焊接工艺方法时主要考虑减少焊缝合金元素的烧损、焊缝中的杂质元素、焊缝中的气体含量以及热影响区宽度、焊缝的组织特点等方面，如氩弧焊基本没有合金烧损，力学性能最好；氧乙炔接头最差。易淬火钢焊接，为了避免在过热区产生淬硬组织，通常采用预热、控制层间温度和焊后缓冷等措施改善。

（3）选择合适的焊接参数　焊接过程中，焊缝熔池中晶粒成长方向会随着焊接速度的变化而变化。速度越大，熔池中的温度梯度越大，此时容易形成脆弱的接合面，常在焊缝中心出现纵向裂纹。当焊接速度一定时，焊接电流对结晶形态有很大影响。电流越大，晶粒越大，将会影响力学性能。焊缝成形系数也影响接头性能，大电流中速焊可以得到较宽的焊缝。小电流快速焊时，焊缝宽度变窄，熔池中心聚集杂质偏析，容易形成裂纹。

（4）选择合适的焊接热输入　焊接热输入的大小，影响焊接热循环，影响接头的组织和脆化倾向及冷裂倾向；低碳钢脆硬倾向小，选择余地较大；含碳量偏高的 16M 钢及低合金钢，淬硬倾向增大，热输入应选择大一些；焊接含碳量和合金元素均偏高的正火钢时，应采用预热及焊后热处理。

（5）控制熔合比　焊接时，被熔化的母材在焊缝金属中所占的百分比称为熔合比。控制它可在焊后获得希望得到的焊缝。当母材与焊接材料化学成分基本相同时，熔合比对焊缝金属性能无明显影响。当母材与焊接材料有较大差别或较多杂质时，一般选择较小的熔合比。

（6）选择合适的焊接操作方法　采用小电流、多层多道焊及快速不摆动的操作方法时，焊接接头具有较好的性能和组织。

（7）正确选择焊后热处理　焊后热处理指在焊接结束后，为改善焊接接头的组织和性能或消除残余焊接应力而进行的热处理。焊后热处理可以细化晶粒，消除残余应力，改善接头的塑性和韧性。

复习与思考

1）现代焊接技术对热源的要求有哪些？

2）简述焊条选用的一般原则。

3）焊接热循环有哪些特点？

4）焊接冶金反应区分成哪几个区域？

5）简述焊缝金属的一次结晶过程。

6）控制和改善焊接接头性能的方法有哪些？

 实训任务

分组完成不同焊接参数的工件焊接。

项目6 焊接构件备料及成形加工

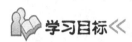学习目标《

> 了解钢材矫正原理、矫正方法。
> 了解钢材的预处理。
> 了解和掌握钢材的划线、放样与下料。
> 掌握圆钢的放样与下料。
> 掌握角钢的放样与下料。
> 了解和掌握型钢的弯形。

任务1 钢材的矫正、预处理、划线、放样与下料

焊接构件备料及加工过程，一般要经过钢材的矫正→预处理→划线→放样→下料→弯曲→压制→矫正等工序。

1. 钢材的矫正原理

钢板和型钢在轧制过程中，可能产生残余应力而变形，或者在下料的过程中，钢板经过剪切、气割等工序加工后因钢材受外力、加热等因素的影响，会使表面产生不平、弯曲、扭曲、波浪等变形缺欠，因此，必须对变形钢材进行矫正，使材料在加工之前保持一种良好的平直状态，以利于零件的加工。

钢材在厚度方向上可以假设是由多层纤维组成的，如图 6-1a 所示。钢材平直时，各层纤维长度都相等，即 $ab=cd$。钢材弯曲后，各层纤维长度不一致，即 $a'b'\neq c'd'$，如图 6-1b 所示。可见，钢材的变形就是其中一部分纤维与另一部分纤维长短不一致造成的。矫正是通过采用加压或加热的方式进行的，其过程是把已伸长的纤维缩短，把缩短的纤维拉长。最终使钢材厚度方向上的纤维趋于一致。

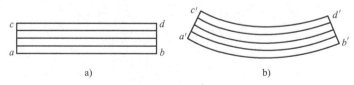

a)   b)

图 6-1 钢材平直和弯曲时纤维长度的变化

a）平直 b）弯曲

2. 钢材的矫正方法

矫正就是使变形的钢材在外力作用下产生塑性变形（永久性变形），使钢材中局部收缩的纤维拉长，伸长的纤维缩短，达到金属各部分的纤维长度均匀，以消除表面不平、弯曲、扭曲和波浪变形等变形缺欠，从而获得正确的形状。

钢材的矫正可以在冷态或热态下进行。冷态矫正简称冷矫形，热态矫正简称热矫形。经常采用的矫正方法有手工矫正、机械矫正、火焰矫正和高频热点矫正四种。矫正方法的选用，与工件的形状、材料的性能和工件的变形程度有关，同时与制造厂拥有的设备有关。

（1）手工矫正 手工矫正是采用手工工具，对已变形的钢材施加外力，以达到矫正变形的目的。手工矫正由于矫正力小，劳动强度大，效率低，所以常用于矫正尺寸较小的薄板钢材。手工矫正时，根据刚度大小和变形情况不同，有反向变形法和锤展伸长法。

1）反向变形法。钢材变形时，对于刚性较好的钢材，可采用反向进行矫正。反向弯曲矫正的应用，见表6-1。反向扭曲矫正的应用，见表6-2。

表 6-1 反向弯曲矫正的应用

名称	变形示意图	矫正示意图	矫正要点
钢板		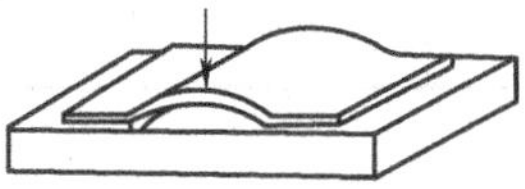	对于刚性较好的钢材，其弯曲变形可采用反向弯曲进行矫正。由于钢板在塑性变形的同时，还存在弹性变形，当外力消除后会产生回弹。因此，为获得较好的矫正效果，反向弯曲矫正时应适当过量
角钢	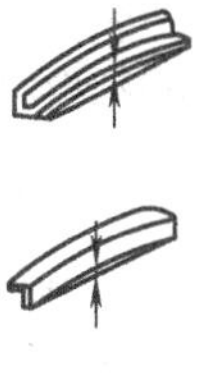	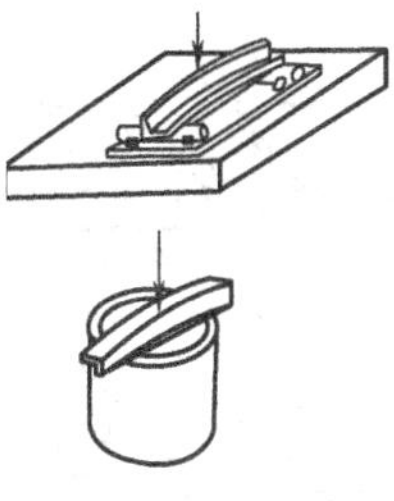	
圆钢		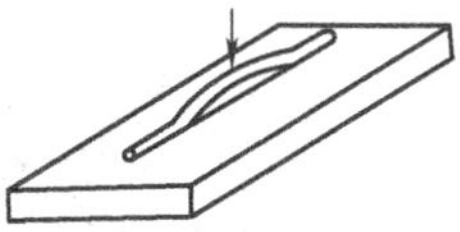	
槽钢	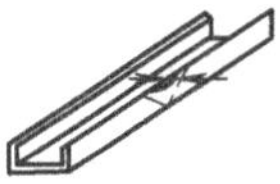	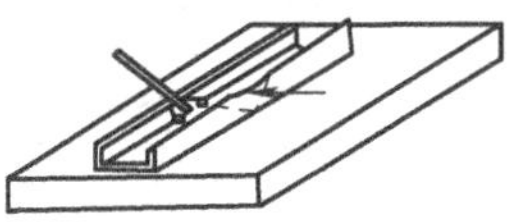	

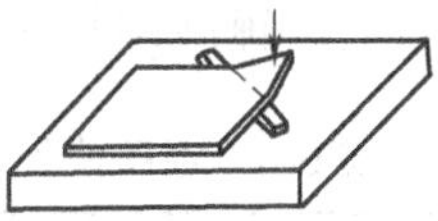

表6-2　反向扭曲矫正的应用

名称	变形示意图	矫正示意图	矫正要点
角钢			
扁钢		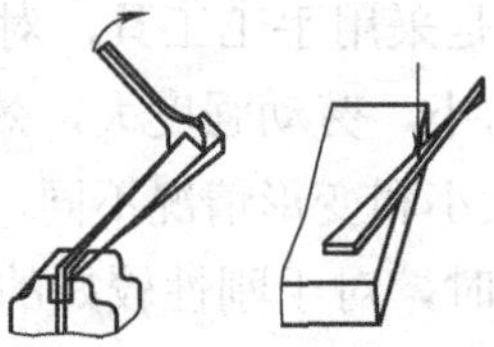	当钢材产生扭曲变形时，可对扭曲部分施加反扭矩，使其产生反向扭曲，从而消除变形
槽钢	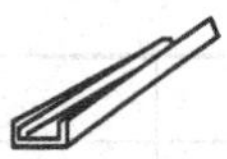	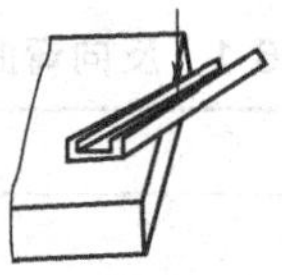	

2）锤展伸长法。对于变形较小或刚性较小的钢材，可锤击纤维较短处，使其伸长与较长纤维趋于一致，而达到矫正目的。锤展伸长法矫正的应用，见表6-3。

表6-3　锤展伸长法矫正的应用

名称		矫正示意图	矫正要点
钢板	中间凸起	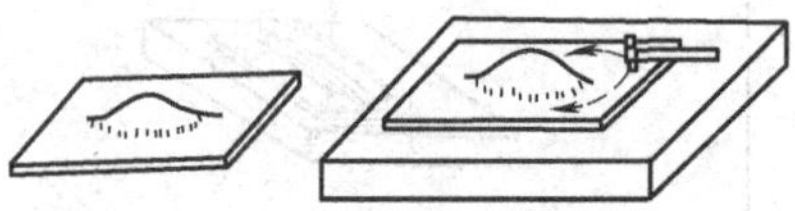	锤击由中间逐渐向四周，锤击力由中间向四周逐渐加重
	边缘波浪		锤击由四周逐渐移向中间，锤击力由四周向中间逐渐加重
	纵向波浪	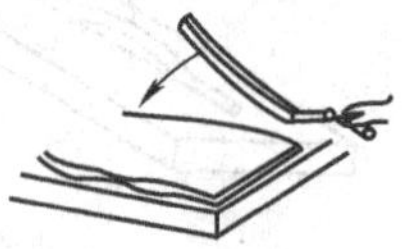	用拍板抽打，仅适用于初矫的钢板
	对角翘起	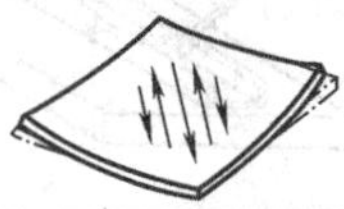	沿无翘起的对角线进行线状锤击，先中间后两侧，依次进行

（续）

名称		矫正示意图	矫正要点
扁钢	旁弯		平放锤击弯曲凹部或竖起锤击弯曲凸部
	扭曲		将扁钢的一端固定，另一端用叉形扳手反向扭曲，最后再锤击矫正
角钢	外弯		将角钢一翼边固定在平台上，锤击外弯角钢的凸部
	内弯		将内弯角钢放置于平台上，锤击角钢靠立肋处的凸部
	扭曲		将角钢一端的翼边加紧，另一端用叉形扳手反向扭曲，最后再锤击矫正
槽钢	弯曲		槽钢旁弯，锤击两翼边凸起处；槽钢上拱，锤击靠立肋上拱的凸起处

工件出现较复杂变形时，其矫正的步骤为：先矫正扭曲，后矫正弯曲，再矫正不平。如果被矫正钢材表面不允许有损伤，矫正时应用衬板或用型锤衬垫。

手工矫正一般在常温下进行，在矫正中尽可能减少不必要的锤击和变形，防止钢材产生加工硬化。对于强度较高的钢材，可将钢材加热至 750～1000℃ 的高温，以降低其强度、提高塑性，减小变形抗力，提高矫正效率。

（2）机械矫正 机械矫正是利用三点弯曲使构件产生一个与变形方向相反的变形，使构件恢复平直。机械矫正使用的设备有专用设备和通用设备。专用设备有钢板矫正机、圆钢与钢管矫正机、型钢矫正机、型钢撑直机等；通用设备指一般的压力机、卷板机等。机械矫正的应用，见表 6-4。

表 6-4　机械矫正的应用

矫正方法	简图	适用范围
拉伸机矫正		薄板、型钢扭曲的矫正；管子、扁钢和线材弯曲的矫正
压力机矫正		中厚板的弯曲矫正
		中厚板的扭曲矫正
		型钢的扭曲矫正
		工字钢、箱形梁等的上拱矫正
		工字钢、箱形梁等的旁弯矫正
		较大直径圆钢、钢管的弯曲矫正

（续）

矫正方法	简图	适用范围
撑直机矫正		较长面窄的钢板弯曲及旁弯的矫正
		槽钢、工字钢等上拱及旁弯的矫正
		圆钢等较大直径尺寸圆弧的弯曲矫正
卷板机矫正		钢板拼接而成的圆筒体，在焊缝处产生凸凹、椭圆等缺欠的矫正
型钢矫正机矫正		角钢翼边变形及弯曲的矫正
		槽钢翼边变形及弯曲的矫正
		方钢弯曲的矫正
平板机矫正		薄板弯曲及波浪变形的矫正
		中厚板弯曲及波浪变形的矫正

（续）

矫正方法	简图	适用范围
多辊机矫正		薄壁管和圆钢的矫正
		厚壁管和圆钢的矫正

（3）火焰矫正　火焰矫正法是利用火焰对钢材的伸长部位进行局部加热，使其在较高温度下发生塑性变形，冷却后收缩而变短，这样使构件通过变形得到矫正。火焰矫正操作方便灵活，所以应用比较广泛。

1）火焰矫正的原理。火焰矫正是采用火焰对钢材的变形部位进行局部加热，利用钢材热胀冷缩的特性，使加热部分的纤维在四周较低温度部分的阻碍下膨胀，产生压缩塑性变形，冷却后纤维缩短，使纤维长度趋于一致，从而使变形得以矫正。

2）决定火焰矫正效果的因素。决定火焰矫正效果的因素主要有以下几点。

①火焰加热的方式。火焰加热的方式主要有点状加热、线状加热和三角形加热，如图6-2所示。加热方式、适用范围及加热要领，见表6-5。

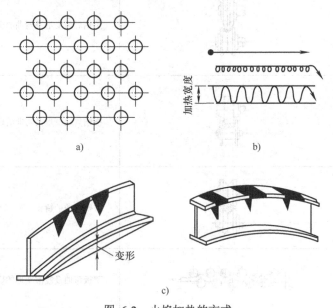

图 6-2　火焰加热的方式

a）点状加热　b）线状加热　c）三角形加热

②火焰加热的位置。火焰加热的位置应选择在金属纤维较长的部位或者凸出部位，如

图 6-3 所示。

表 6-5　加热方式、适用范围及加热要领

加热方式	适用范围	加热要领
点状加热	薄板凸凹不平，钢管弯曲等矫正	变形量大需加热点距小，加热点直径适当大些；反之，则点距大，直径小些。薄板加热温度低些，厚板加热温度高些
线状加热	中厚板的弯曲，T 形、工字形梁焊后角变形等矫正	一般加热线宽度约为板厚的 0.5～2 倍，加热深度为板厚的 1/3 ～1/2。变形越大，加热深度越大
三角形加热	变形严重、刚性较大的构件矫正	一般加热三角形高度约为材料宽度的 0.2 倍，加热三角形底部宽度应以变形程度而定。加热区大，收缩量也越大

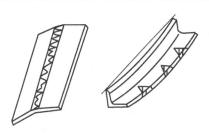

图 6-3　火焰加热的位置

③火焰加热的温度。一般钢材的加热温度应在 600～800℃，低碳钢不大于 850℃。常用钢材和结构件火焰矫正要点，见表 6-6。

表 6-6　常用钢材和结构件火焰矫正要点

变形情况		简图	矫正要点
薄钢板	中部凸起		中间凸部较小，将钢板四周固定在平台上，点状加热在凸起四周，加热顺序如图中数字所示。凸部较大，可用线状加热，先从中间凸起的两侧开始，然后向凸起处围拢
	边缘呈波浪形		将三条边固定在平台上，使波浪变形集中在一边上，用线状加热，先从凸起的两侧处开始，然后向凸起处围拢，加热长度约为板宽的 1/3 ～1/2，加热间距视凸起的程度而定，如一次加热不能矫平，则进行第二次矫正，但加热位置应与第一次错开，必要时，可用浇水冷却，以提高矫正效率
型钢	局部弯曲变形		矫正时，在槽钢的两翼边处同时向一方向进行线状加热，加热宽度按变形程度的大小确定，变形大时，加热宽度大些

（续）

变形情况		简图	矫正要点
型钢	旁弯		在旁翼边凸起处，进行若干三角形加热矫正
	上拱		在垂直立肋凸起处，进行三角形加热矫正
钢管局部弯曲			采用点状加热在管子凸起处，加热速度要快，每加热一点后迅速移至另一点，一排加热后再加热另一排
焊接梁	角变形		在焊接位置的凸起处，进行线状加热，如板较厚，可在两条焊缝背面同时加热矫正
	上拱		在上拱面板上用线状加热矫正，在立板上部用三角形加热矫正
	旁弯		在上下两侧板的凸起处，同时采用线状加热，并附加外力矫正

3）火焰矫正的步骤。

①分析变形的原因和钢结构的内在联系。

②正确找出变形的部位。

③确定加热方式、加热部位和冷却方式。

④矫正后检验。

4）高频热点矫正。高频热点矫正是在火焰矫正的基础上发展起来的一种新工艺。它可以矫正任何钢材的变形，尤其对尺寸较大、形状复杂的工件，效果更显著。高频热点矫正的原理是：通入高频交流电的感应圈产生交变磁场，当感应圈靠近钢材时，钢材内部产生感应电流（即涡流），使钢材局部的温度立即升高，从而进行加热矫正。加热的位置与火焰矫正时相同，加热区域的大小取决于感应圈的形状和尺寸。感应圈一般不宜过大，否则加热慢；加热区域大，也会影响加热矫正的效果。一般加热时间为 4～5s，温度约为 800℃。高频热点矫正与火焰矫正相比，不但效果显著，生产率高，而且操作简便。

3. 钢材的预处理

钢材因存放不妥和其他因素的影响，其表面会产生铁锈、氧化皮等，这些都将影响零件和产品的质量，因此，必须对钢材进行预处理。

对钢材表面进行去除铁锈和油污、清理氧化皮等处理，称为预处理。预处理的目的是把钢材表面清理干净，为后序加工做准备。一些预处理工艺还要在表面清理后喷涂保护底漆，以防在加工过程中再次污染。常用的预处理方法有机械除锈法和化学除锈法。

1）机械除锈法。机械除锈法常用的有喷砂（或喷丸），手动砂轮或钢丝刷，砂布打磨，刮光或抛光等。喷砂（或喷丸）工艺是将干砂粒（或铁丸）从专门压缩空气装置中高速喷出，轰击到金属表面，将其表面的氧化物、污物打落，这种方法清理得较彻底，效率也较高。但喷砂（或喷丸）工艺粉尘大，需要在专用车间或封闭条件下进行，同时经喷砂（或喷丸）处理的材料会产生一定的表面硬化，对零件的弯曲加工有不良影响。另外，喷砂（或喷丸）也常用在结构焊后涂前的清理上。

2）化学除锈法。化学除锈法即用腐蚀性的化学溶液对钢材表面进行清理。此方法效率高，质量均匀而稳定，但成本高，并会对环境造成一定的污染。

化学除锈法一般分为酸洗法和碱洗法。酸洗法可除去金属表面的氧化皮、锈蚀物等污物；碱洗法主要用于去除金属表面的油污。其工艺过程一般是将配制好的酸、碱溶液装入槽内，将工件放入浸泡一定时间，一般先放入碱槽去油，后放入酸槽除锈，再用清水洗净余酸，有的产品及时喷底漆（黑色金属）或阳极化（铝合金等），以防腐蚀。

4. 钢材的划线、放样与下料

（1）划线　划线是在毛坯或工件上，用划线工具划出待加工部位的轮廓线或作为基准的点、线。划线时应根据设计图样上的图形和尺寸，准确地按 1:1 的比例在待下料的钢材表面上划出加工界线。划线的作用是确定工件各加工表面的余量和孔的位置，使工件加工时有明确的标志；还可以检查毛坯是否正确；对于有些误差不大，但已属不合格的毛坯，可以通过借料使其得到挽救。划线的精度要求在 0.25～0.5mm。

1）划线的基本规则。

①垂线必须用作图法。

②用划针或石笔划线时，应紧抵钢直尺或样板的边沿。

③用圆规在钢板上划圆、圆弧或分量尺寸时，应先打上样冲眼，以防圆规尖滑动。

④平面划线应遵循先画基准线，后按由外向内、从上到下、从左到右的顺序划线的原则。先画基准线，是为了保证加工余量的合理分布。划线之前应该在工件上选择一个或几个面或线作为划线的基准，以此来确定工件其他加工表面的相对位置。一般情况下，以底平面、侧面、轴线为基准。

划线的准确度取决于作图方法的正确性、工具质量、工作条件、作图技巧、经验、视觉的敏锐程度等因素。除以上因素之外还应考虑到工件因素，即工件加工成形时如气割、卷圆、热加工等的影响；装配时板料边缘修正和间隙大小的装配公差影响；焊接和火焰矫正的收缩影响等。

2）划线的方法。划线可分为平面划线和立体划线两种。

①平面划线与几何作图相似，在工件的一个平面上划出图样的形状和尺寸。有时也可以采用样板一次划成。

②立体划线是在工件的几个表面上划线，即在长、宽、高三个方向上划线。

3）划线时应注意的问题。

①熟悉焊接结构的图样和制造工艺，根据图样检验样板、样杆，核对选用的钢号、规格应符合规定的要求。

②检查钢板表面是否有麻点、裂纹、夹层及厚度不均匀等缺欠。

③划线前应将材料垫平、放稳，划线时要尽可能使线条细且清晰，笔尖与样板边缘间不要内倾和外倾。

④划线时应标注各道工序用线，并加以适当标记，以免混淆。

⑤弯曲零件时，应考虑材料的轧制纤维方向。

⑥钢板两边不垂直时，一定要去边。划尺寸较大的矩形时，一定要检查对角线。

⑦划线的毛坯，应注明产品的图号、零件号和钢材号，以免混淆。

⑧注意合理安排用料，提高材料的利用率。

常用的划线工具有划线平台、划针、划规、直角尺、样冲、曲尺、石笔、粉线等。

4）基本线型的划法。

①直线的划法。

a. 直线长不超过 1m 用钢直尺划线。划针尖或石笔尖紧抵钢直尺，向钢直尺的外侧倾斜15°～20°划线，同时向划线方向倾斜。

b. 直线长不超过 5m 用弹粉法划线。弹粉线时把线两端对准所划直线的两端点，拉紧使粉线处于平直状态，然后垂直拿起粉线，再轻放。若是线较长时，应弹两次，以两线重合为准；或是在粉线中间位置垂直按下，左右弹两次完成。

c. 直线长超过 5m 用拉钢丝的方法划线，钢丝直径取 $\phi 0.5 \sim \phi 1.5mm$。操作时，两端拉紧并用两个垫块垫托，其高度尽可能低些，然后可用直角尺靠紧钢丝的一侧，在 90°下端定出数点，再用粉线以三点弹成直线。

②大圆弧的划法。

在放样或装配时可能会碰上划一段直径为十几米甚至几十米的大圆弧，因此，一般的长划规和盘尺不能适用，只能采用近似几何作图或计算法作图。

a. 大圆弧的准确划法。已知弦长 ab 和弦与弧的距离 cd，先做一矩形 abef（图 6-4a），连接 ac，并做 ag 垂直于 ac（图 6-4b），以相同数（图 6-4 上为 4）等分线段 ad、af、cg，对应各点连线的交点用光滑曲线连接，即为所划的圆弧（图 6-4c）。

b. 大圆弧的计算法。计算法比作图法要准确得多，一般采用计算法求出准确尺寸后，再划大圆弧。如图 6-5 所示，已知大圆弧半径为 R，弧与弦的距离为 ab，弦长为 cg，求 ac

线上任意一点 *d* 的弧高 *ed*（可用解析式求得任意点 *d* 的 *ed*）。

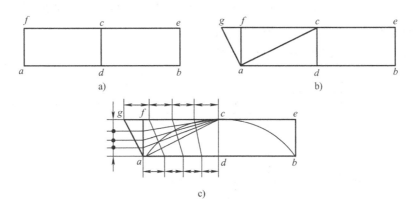

a)

b)

c)

图 6-4　大圆弧的准确划法

解：做直线 *ef*⊥*ob*，因 *ef*＝*ad*、*ed*＝*af*、*of*＝$\sqrt{R^2-ad^2}$、*oa*＝*R*−*ab*，所以 *ed*＝*af*＝*of*−*oa*、*ed*＝$\sqrt{R^2-ad^2}$ −*R*＋*ab*。

式中 *R*、*ab* 为已知，*d* 为 *ac* 线上的任意一点，只要假设一个 *ad* 长度，即可代入式中求出 *ed* 的高度值，点 *e* 求出后，则大圆弧 *gec* 即可划出。

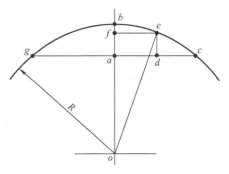

图 6-5　计算法作大圆弧

（2）放样　根据构件图样，按 1∶1 的比例或一定比例在放样平台或平板上划出其所需图形的过程称为放样。

1）放样方法。放样方法指将工件的形状最终划到平面钢板上的方法，主要有实尺放样、展开放样和光学放样等。

①实尺放样。根据图样的形状和尺寸，用基本的作图方法，以产品的实际大小划到放样平台的工作称为实尺放样。

②展开放样。把各种立体的工件表面摊平的几何作图过程称为展开放样。

③光学放样。用光学手段（如摄影）将缩小的图样投影在钢板上，然后依据投影线进行划线。

2）放样程序。放样程序一般包括结构处理、划基本线型和展开三个部分。

①结构处理又称为结构放样，其是根据图样进行工艺处理的过程。它一般包括确定各连接部位的接头形式、计算图样或量取坯料实际尺寸、制作样板与样杆等。

②划基本线型是在结构处理的基础上，确定放样基准和划出工件的结构轮廓。

③展开是对不能直接划线的立体工件进行展开处理，将工件摊开在平面上。

3）展开放样。

①平行线展开法。展开原理是将立体的表面看成由无数条相互平行的素线组成。取两相

邻素线及其两端点所围成的微小面积作为平面，只要将每一小平面的真实大小依次顺序地划在平面上，就得到了立体表面的展开图，所以只要立体表面的素线或棱线是互相平行的几何形体，如各种棱柱体、圆柱体等，都可用平行线法展开。

图 6-6 所示为等径 90°弯头一段的展开图。

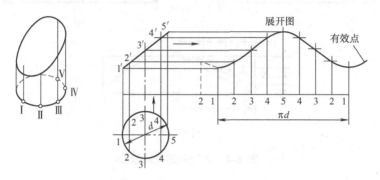

图 6-6　等径90°弯头一段的展开图

按已知尺寸做主视图和俯视图，八等分俯视图圆周，等分点为 1、2、3、4、5，由各等分点向主视图引素线，得到与上口线的交点 1′、2′、3′、4′、5′，则相邻两素线组成一个小梯形，每个小梯形称为一个平面。

延长主视图的下口线作为展开的基准线，将圆周展开，在延长线上得 1、2、3、4、5 各点。通过各等分点向上做垂线，与由主视图 1′、2′、3′、4′、5′上各点向右所引的水平线对应相交，将各交点连成光滑曲线，即得展开图。

②放射线展开法。放射线法适用于立体表面的素线相交于一点的锥体。展开原理是将锥体表面用放射线分割成共顶的若干三角形小平面，求出其实际大小后，仍用放射线形式依次将它们划在同一平面上，即得所求锥体表面的展开图。

圆锥台可采用放射线展开法展开，图 6-7 所示为其展开过程。展开时，首先用已知尺寸绘制圆锥台的主视图和俯视图；延长 13 线和 24 线，使它们相交于圆锥顶点 S；以 $S2$ 线长为半径，以点 S 为圆心，点 2 为起点，绘制圆弧，圆弧的长度为 π d，点 5 为圆弧终点；连接 $5S$ 线；以 $S4$ 线长为半径，以点 S 为圆心，点 4 为起点，绘制圆弧，与 $5S$ 线相交于点 6；2465 扇形即为圆锥台的展开图。

③三角形展开法。三角形展开是将立体表面分割成一定数量的三角形平面，然后求出各三角形每边的实长，并把它的实形依次划在平面上，从而得到整个立体表面的展开图。图 6-8 所示为正四棱台的展开图。

做四棱台的主视图和俯视图，连接各侧面的对角线。求 15、16、27 的实长，方法是以主视图高 h 为直角边，以俯视图中 15、16、27 为另一直角边做直角三角形，则其斜边即为各边的实长。随后划各个三角形，即可划出展开图。

（3）下料　下料是用各种方法将毛坯或工件从原材料上分离下来的工序。下料分为手工下料和机械下料。手工下料的方法主要有克切、锯削、气割等。机械下料的方法有剪切、冲裁等。

1）手工下料。

①克切。克切原理与斜口剪床的剪切原理基本相同，其最大特点是不受工作位置和工件形状的限制，并且操作简单、灵活。

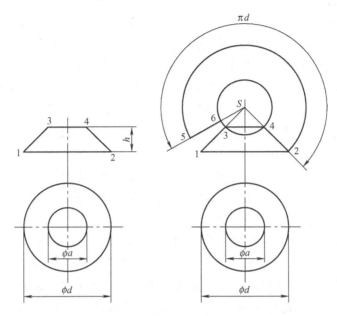

图 6-7　圆锥台的展开图

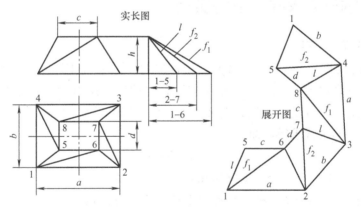

图 6-8　正四棱台的展开图

②锯削。用锯切割下料时，需要用台虎钳夹持。锯削可分为手工锯削和机械锯削。手工锯削常用来切断规格较小的型钢或锯成切口。经手工锯削的工件用锉刀简单修整后可以获得表面整齐、精度较高的切断面。

③砂轮切割。砂轮切割是利用高速旋转的薄片砂轮与钢材摩擦产生的热量，将切割处的钢材变成"钢花"喷出形成切口的工艺。砂轮切割可以切割尺寸较小的型钢、不锈钢、轴承钢型材。砂轮切割的速度比锯削快，但切口经加热后性能稍有变化。砂轮切割一般是手工操作，灰尘很大，劳动条件很差。

④气割。这是利用气体火焰的热能将工件切割处预热到一定温度后，喷出高速切割氧流，使其燃烧并放出热量实现切割的方法（详见项目二气焊与气割）。

2）机械下料。

①剪切。剪切就是用上、下两切削刃的相对运动切断材料的加工方法。它是冷作产品制作过程中下料的主要方法之一。剪切一般在斜口剪床、龙门剪床、圆盘剪床等专用机床上进行。

②热切割。机械热切割包括数控切割、等离子弧切割、光电跟踪切割等。

a. 数控切割。数控切割是按照数学指令规定的程序进行热切割。它能准确地切割出直线与曲线组成的平面图形，也能用足够精确的模拟方法切割其他形状的平面图形。数控切割的精度很高，生产率也比较高。它不仅适用于成批生产，而且更适用于自动化生产。

b. 等离子弧切割。等离子弧切割是利用高温高速的等离子弧，将切口金属及氧化物熔化，并将其吹走而完成切割的过程。

c. 光电跟踪切割。光电跟踪切割机是一台利用光电原理对切割线进行自动跟踪移动的切割机。它适用于复杂形状工件的切割，是一种高效率、多比例的自动化切割设备。

③冲裁。冲裁是利用模具使板料分离的冲压工艺方法。根据工件在模具中的位置不同，冲裁分为落料和冲孔，当工件从模具的凹模中得到时称为落料，而从凹模外面得到时称为冲孔。

（4）坯料的边缘加工　钢板的边缘加工主要指焊接结构件的坡口加工，常用的方法有机械切割和气割两类。采用机械加工方法可加工各种形式的坡口，如 I、V、U、X 及双 U 形等。机械加工坡口常用的设备有刨边机、坡口加工机和铣床、车床等各种通用机床。

任务 2　钢材的放样、下料实训

1. 圆钢的放样与下料

（1）板材的展开计算　钢板弯曲时，中性层的位置随弯曲变形的程度而定。当弯曲的内半径 r 与板厚 δ 之比大于 5 时，中性层的位置在板厚中间，中性层与中心层重合（多数弯板属于这种情况）；当弯曲的内半径 r 与板厚 δ 之比≤5 时，中性层的位置向弯板的内侧移动。中性层半径可由经验公式求得，即

$$R = r + K\delta$$

式中　R——中性层的曲率半径，单位为 mm；

r——弯板内弧的曲率半径，简称内半径，单位为 mm；

δ——钢板的厚度，单位为 mm；

K——中性层系数，其值见表 6-7。

表 6-7　中性层系数 K

$\dfrac{r}{\delta}$	≤0.1	0.2	0.25～0.4	0.5	0.8	1.0	1.5	2.0	3.0	4.0	5.0	≥5
K	0.3	0.33	0.35	0.36	0.38	0.4	0.42	0.44	0.47	0.475	0.48	0.5

例 6-1　计算图 6-9 所示圆角 U 形板料长。已知 $r=60\text{mm}$，$\delta=20\text{mm}$，$l_1=200\text{mm}$，$l_2=300\text{mm}$，$\alpha=120°$。

解：因为 $r/\delta=60\text{ mm}/20\text{mm}=3$，查表 6-7 得 $K=0.47$。

所以 $L=l_1+l_2+[\pi\alpha(r+K\delta)]/180°$

$\quad\quad=200\text{mm}+300\text{mm}+[120°\times\pi(60\text{mm}+0.47\times20\text{mm})]/180°$

$\quad\quad\approx645\text{ mm}$

实际上板料可以弯曲成各种复杂的形状，求展开料长都是先确定中性层，再通过作图和计算，将断面图中的直线和曲线逐段相加得到展开长度。

（2）圆钢料长的展开计算　圆钢弯曲的中性层一般总是与中心线重合，所以圆钢的料长可按中心线计算。

1）直角形圆钢的展开计算。如图 6-10a 所示，已知尺寸 A、B、d、R，则展开长度应是直段长度和圆弧段长度之和。其展开长度为

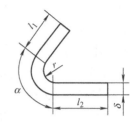

图 6-9　圆角U形板的展开计算

$$L=A+B-2R+\pi(R+d/2)/2$$

式中　L——展开长度，单位为 mm；

A、B——直段长度，单位为 mm；

R——内圆角半径，单位为 mm；

d——圆钢直径，单位为 mm。

例 6-2　如图 6-10a 所示，已知 $A=400\text{mm}$，$B=300\text{mm}$，$d=20\text{mm}$，$R=100\text{mm}$，求圆钢的展开长度。

解：$L=A+B-2R+\pi(R+d/2)/2$

$\quad\quad=400\text{mm}+300\text{mm}-2\times100\text{mm}+\pi(100\text{mm}+10\text{mm})/2$

$\quad\quad\approx400\text{mm}+300\text{mm}-200\text{mm}+172.78\text{mm}$

$\quad\quad\approx672.78\text{mm}$

2）圆弧形圆钢的展开计算。如图 6-10b 所示，其展开长度为

$\quad\quad L=\pi R\alpha/180°$

或　$L=\pi R(180°-\beta)/180°$

例 6-3　已知 $R=380\text{mm}$，$\beta=60°$，求圆钢的展开长度。

解：展开长度 $L=\pi380\text{mm}(180°-60°)/180°\approx795.47\text{mm}$

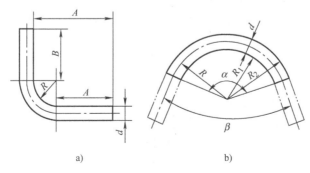

a)　　　　　　　　　b)

图 6-10　常用圆钢的展开计算

根据例 6-2 的展开计算方法，用直径 10mm 的圆钢完成直角形圆钢的展开下料，要求计算准确，采用锯割下料。具体尺寸为 $A=150mm$，$B=100mm$，$d=10mm$，$R=30mm$。

根据例 6-3 的展开计算方法，用直径 10mm 的圆钢完成圆弧形圆钢的展开，要求计算准确。具体尺寸为 $R=100mm$，$d=10mm$，$\beta=60°$。由于已知条件缺少直线段长度，故只进行展开计算，不要求下料。

2. 角钢的放样与下料

角钢的断面是不对称的，所以中性层的位置不在断面的中心，而是位于角钢根部的重心处，即中性层与重心重合。设中性层离开角钢根部的距离为 z_0，z_0 值与角钢断面尺寸有关。表 6-8 列出了部分角钢 z_0 的参数值。

表 6-8　部分角钢 z_0 的参数值　　　　　　（单位：mm）

型号	L20		L25		L30		L40		
边厚	3	4	3	4	3	4	3	4	5
z_0	6	6.4	7.3	7.6	8.5	8.9	10.9	11.3	11.7
型号	L45			L50			L63		
边厚	3	4	5	4	5	6	5	6	8
z_0	12.2	12.6	13	13.8	14.2	14.6	17.4	17.8	18.5
型号	L70			L75			L80		
边厚	6	7	8	7	8	10	7	8	10
z_0	19.5	19.9	20.3	21.1	21.5	22.2	22.3	22.7	23.5

等边角钢弯曲料长的计算公式见表 6-9。

表 6-9　等边角钢弯曲料长的计算公式

弯曲类型	简图	计算公式
内弯		$L = l_1 + l_2 + \dfrac{\pi\alpha(R-z_0)}{180°}$
外弯		$L = l_1 + l_2 + \dfrac{\pi\alpha(R+z_0)}{180°}$

例 6-4　已知等边角钢内弯，两直边 l_1=450mm，l_2 = 350mm，外弧半径 R=120mm，弯曲角 α=120°，等边角钢截面尺寸为 70mm×70mm×7mm，求展开长度 L。

解：由表 6-8 查得 z_0=19.9mm，所以

$L=l_1+l_2+\pi\alpha（R-z_0）/180°$

　$=450mm+350mm+\pi×120°×（120mm-19.9mm）/180°=1009.5mm$

例 6-5　已知等边角钢外弯，两直边 l_1=550mm、l_2=450mm，内弧半径 R=80mm，弯曲角 α=150°，等边角钢截面尺寸为 63mm×63mm×6mm，求展开长度 L。

解：由表 6-8 查得 z_0=17.8mm，所以

$L=l_1+l_2+\pi\alpha（R+z_0）/180°$

　$=550mm+450mm+\pi×150°×（80mm+17.8mm）/180°=1255.9mm$

已知等边角钢，两直边 l_1=150mm，l_2=200mm，弯曲半径 R=95mm，弯曲角 α=120°，等边角钢截面尺寸为 30mm×30mm×3mm，分别求内弯和外弯的展开长度 L，要求计算准确。用划针、钢角尺完成划线，采用锯割下料，断口要求平直。

任务 3　型钢的手工弯形实训

1. 圆钢的弯形

通过手工弯形，完成圆钢的弯形。

已知 R=100mm，d=10mm，β=60°，完成图 6-10b 所示的圆弧形圆钢弯形。

（1）放样、下料　根据公式对圆弧形圆钢进行展开计算，在准确计算出展开长度后，进行放样、下料。放样后，圆钢每一端加余量 30mm，用于控制剩余直边（在弯曲时，材料的两端各有一段长度不能发生弯曲，这段长度称为剩余直边）。手工锯削完成初次下料。

划线要求线条清晰牢固，不能在弯曲后变成模糊不清。

（2）弯曲　利用胎模完成弯形。胎模的圆弧半径为 95mm，在胎模的一侧固定好圆钢，沿着胎模圆弧进行弯曲圆钢的操作。操作时一定要保持圆钢水平放置，否则会产生扭曲。在操作的最后阶段，圆钢未弯曲部分很短了，需要利用套管来完成最后的弯曲。

（3）检查和整理　弯形结束后，检查圆钢是否出现扭曲，弯曲半径是否准确，每个端边 20mm 范围的圆弧误差不需考虑。如果有扭曲，需要先对扭曲进行矫正再检查弯曲半径。如果弯曲半径不准确，需要用圆弧胎模进行矫正。

检查合格后，用锯削的方法去掉两端多余的部分（二次下料），完成本项弯形实训。

2. 钢管的弯形

钢管的展开计算可以完全套用圆钢的展开计算方法。钢管的弯形，在不考虑钢管弯曲后的截面变形，也可参照圆钢的弯形。

用直径 15mm 的钢管（四分管），完成直角形钢管的展开下料，要求计算准确，采用锯削下料。已知 A=250mm，B=200mm，d=15mm，R=95mm，完成图 6-10a 所示的直角形弯管。

（1）放样、下料　根据公式对直角形钢管进行展开计算，在准确计算出展开长度后，进行放样、下料（锯削下料）。

（2）弯曲　利用胎模完成弯形。胎模的圆弧半径为95mm，在胎模的一侧固定好钢管，钢管直段部分长度为200mm，要求尺寸必须准确。沿着胎模圆弧进行弯曲钢管的操作，操作时一定要保持钢管的水平。在操作的最后阶段，钢管未弯曲部分很短了，需要利用套管来完成最后的弯曲。弯曲角度可以预留一些弹性变形余量。

（3）检查和整理　弯形结束后，检查是否出现扭曲，弯曲半径是否准确。如果有扭曲，需要先对扭曲进行矫正再检查弯曲半径。如果弯曲半径不准确，需要用圆弧胎模进行矫正。

3. 角钢的弯形

已知等边角钢，两直边 $l_1=200$mm，$l_2=200$mm，弯曲半径 $R=95$mm，弯曲角 $\alpha=30°$，等边角钢截面尺寸为20mm×20mm×3mm，完成角钢的外弯。

（1）放样、下料　根据公式对角钢进行外弯的展开计算，在准确计算出展开长度后，进行放样下料（锯削下料）。

（2）弯曲　利用胎模完成弯形。胎模的圆弧半径为95mm，在胎模的一侧固定好角钢，角钢直段部分长度为200mm，要求尺寸必须准确。沿着胎模圆弧进行弯曲角钢的操作，操作时一定要保持角钢的水平，角钢的一个边紧贴胎模圆柱体，一个边紧贴胎模平面。在操作的最后阶段，需要利用叉形扳手或套管来完成最后的弯曲。弯曲角度可以预留一些弹性变形余量。

（3）检查和整理　弯形结束后，检查是否出现扭曲，弯曲半径是否准确。角钢在弯曲部分会有一些变形，角钢的角度会减小，可以不考虑。如果有扭曲，需要先对扭曲进行矫正再检查弯曲半径。如果弯曲半径不准确，需要用圆弧胎模进行矫正。

复习与思考

1）简述钢材矫正原理。

2）什么是放样、划线和下料？

实训任务

1）分组完成圆钢的放样计算。

2）分组完成角钢的放样计算。

3）分组完成锯削下料。

4）分组完成圆钢的弯形。

5）分组完成角钢的弯形。

项目 7 其他焊接方法

学习目标 《

> 了解气体保护焊原理。
> 了解 CO_2 气体保护焊的焊接技术。
> 了解钨极氩弧焊。
> 了解埋弧焊。
> 了解电阻焊、钎焊等其他焊接方法。

● 任务 1 气体保护焊

1. 气体保护焊的原理及特点

（1）气体保护焊的原理 气体保护焊是用外加气体作为电弧介质并保护电弧和焊接区的一种电弧焊方法。气体保护焊直接依靠从喷嘴中连续送出的气流，在电弧周围形成局部的气体保护层，使电极端部、熔滴和熔池金属与周围空气机械地隔绝开，以保证焊接过程的稳定性并且获得优质焊缝。

气体保护焊按照电极材料的不同，可以分为熔化极气体保护焊和非熔化极气体保护焊两种，如图 7-1 和图 7-2 所示。熔化极气体保护焊可分为熔化极惰性气体保护焊（MIG 焊）、熔化极活性气体保护焊（MAG 焊）两种。按照保护气体的种类，气体保护焊可分为氩弧焊、氦弧焊、CO_2 气体保护焊等方法；按操作方式，气体保护焊可分为手工气体保护焊、半自动气体保护焊和自动气体保护焊。

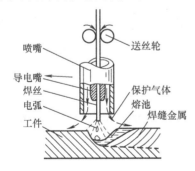

图 7-1 熔化极气体保护焊原理图

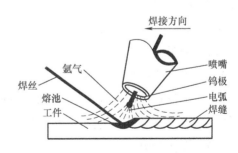

图 7-2 非熔化极气体保护焊原理图

（2）气体保护焊的特点 气体保护焊与其他电弧焊相比具有以下特点。

1）采用明弧焊接，一般不必用焊剂，没有熔渣，熔池可见度好，便于操作。保护气体是喷射的，适于进行全位置焊接，不受空间位置的限制，有利于实现焊接过程的自动化。

2）由于电弧在保护气体的压缩下热量集中，焊接熔池和热影响区很小，因此焊接变形小、焊接裂纹倾向不大，尤其适用于薄板的焊接。

3）采用氩气、氦气等惰性气体保护，焊接化学性质较活泼的金属或合金时，可获得高质量的焊接接头。

4）气体保护焊不宜在有风的地方施焊，在室外作业时需有专门的防风措施，电弧弧光辐射较大，焊接设备较复杂。

2. CO_2 气体保护焊

CO_2 气体保护焊（简称 CO_2 焊）是以 CO_2 为保护气体进行焊接的方法（有时采用 CO_2+Ar 的混合气体），如图 7-3 所示。它操作简单，适合自动焊和全方位焊接；CO_2 气体易生产，成本低，广泛应用于各大小企业。但焊接时抗风能力差，适合室内作业。

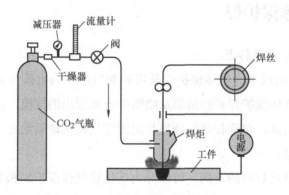

图 7-3 CO_2 气体保护焊焊接过程示意图

CO_2 气体保护焊在使用常规焊接电源时，焊丝端头熔化金属不可能形成平衡的轴向自由过渡，通常需要采用短路熔滴过渡。熔滴过渡时会产生缩颈爆断，因此，与 MIG 焊自由过渡相比，飞溅较多。由于所用保护气体价格低廉，采用短路过渡时焊缝成形良好，加上使用含脱氧剂的焊丝即可获得无内部缺欠的高质量焊接接头。因此这种焊接方法目前已成为钢铁材料最重要的焊接方法之一。

（1）分类

1）按机械化程度可分为自动化和半自动化。

2）按焊丝直径可分为细丝（≤1.2 mm）、中丝（1.2~1.4 mm）和粗丝（≥1.6mm）。

3）按焊丝分类可分为药芯焊丝和实芯焊丝两种。

（2）焊接参数

1）焊丝直径。焊丝直径通常是根据工件的厚薄、施焊的位置和效率等要求选择。焊接薄板或中厚板的全位置焊缝时，多采用 1.2mm 以下的焊丝（称为细丝 CO_2 气体保护焊）。焊丝直径的选择，见表 7-1。

表 7-1 焊丝直径的选择

焊丝直径/mm	熔滴过渡形式	可焊板厚/mm	施焊位置
0.5~0.8	短路过渡	0.4~3	各种位置
	细颗粒过渡	2~4	平焊、横焊、角焊
1.0~1.2	短路过渡	2~8	各种位置
	细颗粒过渡	2~12	平焊、横焊、角焊
1.6	短路过渡	2~12	平焊、横焊、角焊
	细颗粒过渡	>8	平焊、横焊、角焊
2.0~2.5	细颗粒过渡	>10	平焊、横焊、角焊

2）焊接电流。焊接电流的大小主要取决于送丝速度。送丝速度越快，则焊接电流就越大。焊接电流对焊缝熔深影响最大。当焊接电流为 60~250A，即以短路过渡形式焊接时，焊缝熔深一般为 1~2mm；只有在 300A 以上时，熔深会明显增大。

3）电弧电压。短路过渡时，焊接电流一般在 200A 以下，则电弧电压的计算公式为

$$U=（0.04I+16\pm2）V$$

当焊接电流在 200A 以上时，则电弧电压的计算公式为

$$U=（0.04I+20\pm2）V$$

焊接电流和电弧电压的最佳配合值，见表 7-2。

表 7-2 焊接电流和电弧电压的最佳配合值

焊接电流/A	电弧电压/V	
	平焊	仰焊和立焊
70~120	18~21.5	18~19
130~170	19.5~23	18~21
180~210	20~24	18~22
220~260	21~25	

4）焊接速度。半自动焊接时，熟练焊工的焊接速度为 18~36m/h；自动焊接时，焊接速度可高达 150m/h。

5）焊丝的伸出长度。一般情况下，焊丝的伸出长度约为焊丝直径的 10 倍左右，并随焊接电流的增加而增加。

6）气体的流量。正常焊接时，200A 以下薄板焊接，CO_2 的流量为 10 ~25L/min；200A 以上厚板焊接，CO_2 的流量为 15~25L/min；粗丝大规范自动焊接时，CO_2 的流量为 25~50L/min。

具体焊接参数如下。

①电流：一般为 150~350A，常用 200~300A。

②电压：一般为 22~40V，常用 26~32V。

③干伸长度：焊丝从导电嘴前端伸出的长度，一般为焊丝直径的 10~15 倍，即 10~15mm。

④焊接速度：每分钟焊接的焊缝长度，单焊道为 300~500mm/min，个别达到 25000mm/min（如截齿的焊丝用的 LQ605），摆动焊接时为 120~200mm/min。

（3）CO_2气体保护焊的优点

1）焊接成本低。CO_2来源广、价格低，并且其消耗的电能少，其成本只有埋弧焊、焊条电弧焊的40%~50%。

2）生产率高。由于CO_2气体保护焊的焊接电流密度大，使焊缝厚度增大，焊丝的熔化率提高，熔敷速度加快；另外，焊丝是连续送进，焊后没有熔渣，节省了清渣时间等，故其生产率是焊条电弧焊的1~4倍。

3）焊接质量高。CO_2气体保护焊对铁锈的敏感性不大，焊缝中不易产生气孔，焊缝抗裂性能高。

4）焊后变形和焊接应力小。工件加热面积小，同时CO_2气流具有较强的冷却作用，因此焊接变形和焊接应力较小。一般情况下，角变形为5‰，平面度只有3‰。

5）操作简便。可以看清电弧和熔池情况，便于掌握与调整，也有利于实现焊接过程的机械化和自动化。

6）适用范围广。CO_2气体保护焊可进行全位置焊接而且可以向下焊接，不仅适用于焊接薄板，还常用于中、厚板的焊接，也可用于磨损零件的修补堆焊。

（4）CO_2气体保护焊的飞溅　CO_2气体保护焊过程中金属飞溅损失约占焊丝熔金属的10%左右。飞溅损失增大，会降低焊丝的熔敷系数，从而增加焊丝及电能的消耗，降低焊接生产率，增加焊接成本。飞溅金属粘着到导电嘴端面和喷嘴内壁上，会使送丝不畅而影响电弧稳定性，降低保护气的保护作用，破坏焊缝成形质量。此外，飞溅金属黏着到导电嘴、喷嘴、焊缝及工件表面上，尚需在焊后进行清理，这就增加了焊接的辅助工时。焊接过程中飞溅出的金属，还容易烧坏焊工的工作服，甚至烫伤皮肤，恶化劳动条件。因此如何减少飞溅在CO_2气体保护焊中就显得尤为重要。

1）产生飞溅的原因。CO_2气体保护焊金属飞溅问题之所以突出，是和这种焊接方法的冶金特性及工艺特性有关。

①焊接熔池中产生的飞溅。焊接时，随着温度的升高，CO_2受热分解，即$CO_2 \rightarrow CO+O_2$。CO气体体积膨胀，若从熔滴或熔池中的外逸受到阻碍，就可能在局部范围爆破，从而产生大量的细颗粒飞溅金属。

②由电弧斑点压力引起的飞溅。如用直流正极性长弧焊时，由于焊丝是阴极，受到的电极斑点压力较大，故焊丝容易产生粗大的熔滴并且被顶偏而产生非轴向过渡，从而出现大颗粒的飞溅金属。

③熔滴过渡时产生的飞溅。

a. 熔滴自由过渡时的飞溅。较大焊接电流和较高电弧电压时，在CO_2气氛下，熔滴在斑点压力作用下上翘，易形成大滴状飞溅。

b. 熔滴短路过渡时的飞溅。短路过渡时的飞溅主要发生在短路小桥破断的瞬间。有关实验表明，飞溅的多少主要和电爆炸能量有关；此外，焊接电流、电压和极性等焊接参数选择不当，也会对飞溅有直接影响，如随着电弧电压的升高，飞溅增大。在长弧焊时，熔滴易在焊丝末端产生无规则晃动；而短弧焊时，将造成粗大的液体金属过桥，这些均会引起飞溅增大。

2）减少飞溅的措施。引起金属飞溅的因素很多，故要减小飞溅，需要根据实际情况进行具体分析，采取有针对性的解决措施。

①电源极性选择直流反接。

②选择合适的焊接电流区域。CO_2 气体保护焊时，每种直径的焊丝其飞溅率都和焊接电流之间存在一定的规律：一般电流小于 150A 或大于 300A 时飞溅率都较小，介于两者之间时飞溅率较大。在选择焊接电流时，应尽可能避开飞溅率高的电流区域。电流确定后再匹配适当的电压，以确保飞溅率最小。

③焊枪垂直时飞溅量最小；倾斜角度越大，飞溅越多。焊枪前倾或后倾最好不要超过 20°。

④焊丝的伸出长度。在能保证正常焊接的情况下，焊丝的伸出长度尽可能缩短。

⑤长弧焊时在 CO_2 中加入 Ar。随着 Ar 比例增大，飞溅逐渐减少。CO_2+Ar 混合气体除可克服飞溅外，也改善了焊缝成形，对焊缝熔深、焊缝高度及余高都有影响。实践证明，80%Ar+20% CO_2 时飞溅率最低。

⑥采用低飞溅率焊丝。在保证力学性能的前提下，应尽可能降低焊丝中含碳量，并添加适量的钛、铝等合金元素；采用活化处理过的焊丝，进行正极性焊接；采用药芯焊丝，金属飞溅率约为实芯焊丝的 1/3。

此外，在焊接回路中串联大的电感，使短路电流上升慢些也可以适当地减少飞溅。

3. 钨极氩弧焊

钨极氩弧焊又称为 TIG 焊，是一种在非消耗性电极和工作物之间产生热量的电弧焊接方式；电极棒、熔池、电弧和工作物临近受热区域都是由氩气保护以隔绝大气混入，如图 7-4 所示。

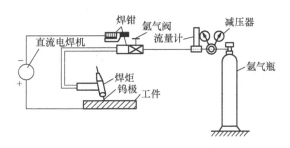

图 7-4 钨极氩弧焊示意图

手工钨极氩弧焊设备主要由焊接电源、焊枪、供气和供水系统以及控制系统等部分组成。钨极氩弧焊，以人工或自动操作都适宜，且能用于持续焊接、间续焊接（有时称为"跳焊"）和点焊，因为其电极棒是非消耗性的，故可不需加入熔填金属，而仅熔合母材金属就可以完成工件的焊接，然而对于个别的接头，依其需要也许需使用熔填金属。

（1）钨极氩弧焊的特点

1）氩气具有极好的保护作用，能有效地隔绝周围空气，为获得高质量的焊缝提供了良好条件。

2）钨极电弧非常稳定，即使在很小的电流情况下（<10A）仍可稳定燃烧，特别适合于薄板材料焊接。

3）热源和填充焊丝可分别控制，因而热输入容易调整，所以这种焊接方法可进行全位置焊接，也是实现单面焊双面成形的理想方法。

4）由于填充焊丝不通过电流，故不会产生飞溅，焊缝成形美观。

5）交流氩弧在焊接过程中能够自动清除工件表面的氧化膜，因此，可成功地焊接一些化学活泼性强的非铁金属，如铝、镁及其合金。

6）钨极承载电流能力较差，过大的电流会引起钨极的熔化和蒸发，其微粒有可能进入熔池而引起夹钨。因此，熔敷速度小、熔深浅、生产率低。

7）采用的氩气较贵、熔敷率低且氩弧焊机又较复杂，和其他焊接方法（如焊条电弧焊、埋弧焊、CO_2 气体保护焊）比较，生产成本较高。

8）氩弧受周围气流影响较大，不适宜室外工作。

对于某些厚壁重要构件（如压力容器及管道），在底层熔透焊道焊接、全位置焊接和窄间隙焊接时，为了保证底层焊接质量，往往采用氩弧焊打底。

（2）钨极氩弧焊的阴极破碎　钨极氩弧焊采用直流反接时，工件是阴极。氩的正离子流向工件，撞击金属熔池表面，将铝、镁等金属表面致密难熔的氧化膜击碎并去除，使焊接顺利进行，这种现象称为"阴极破碎"。

（3）焊接参数

1）焊接电流。焊接电流是决定焊缝熔深的最主要工艺参数。一般随焊接电流增大，熔透深度、焊缝熔宽都相应增大，焊缝余高相应减少。如果电流太大，易造成焊缝咬边等缺欠；反之，焊接电流太小，易造成未焊透。

2）电弧电压。电弧电压是随着弧长的变化而变化。如果电弧长度过长，气体保护的效果会下降。在不填充焊丝的情况下，弧长一般控制在1~3mm；填充焊丝焊接时，弧长为3~6mm。

3）焊接速度。在其他焊接参数不变的情况下，焊接速度的大小决定了单位长度焊缝热输入的大小。

4）钨极直径和端部形状。钨极直径的选择取决于工件的厚度、焊接电流的大小、电源种类和极性。通常工件厚度越大，焊接电流越高，钨极直径越大。大电流时，钨极的端部要求为钝角；小电流时为尖角；交流焊接时为圆角。

5）填丝速度与焊丝直径。焊接电流大、接头间隙大，填丝速度快；焊丝直径越大，填丝速度越慢。焊丝的直径与板厚和间隙有关，板厚、间隙大，焊丝直径也要大些。

6）保护气体流量和喷嘴直径。保护气体流量和喷嘴直径的选择，主要考虑气体保护效果的好坏。保护气体流量与喷嘴直径要有良好的匹配关系，同时也要考虑焊接电流、电弧长度、焊接速度、接头形式等。

任务 2　CO_2 气体保护焊实训

1. 任务要求

采用 CO_2 气体保护焊，完成钢板的组对和焊接，如图 7-5 所示。

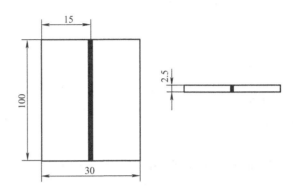

图 7-5　CO_2 气体保护焊实训工件图

2. 焊接参数

钢板（两块）：长 100mm，宽 15mm，厚度 2.5mm。

焊丝直径：1.0mm。

焊接位置：平焊。

焊接电流：90A。

焊接电压：19V。

熔滴过渡形式：短路过渡。

保护气体流量：10L/min。

焊接方向：左向焊接。

3. 焊接操作

（1）组对　把两块 100mm×15mm×2.5mm 钢板，沿宽度方向进行组对，组成一块 100mm×30mm×2.5mm 的钢板。

定位点的间隔不大于 40mm，即在工件的两端和中间定位。

（2）焊接

1）对工件进行焊前处理，清理掉定位点处氧化皮等杂质。

2）在进行定位的背面完成第一面焊道的焊接。

3）在定位焊的另一面完成焊道的焊接。

4）对工件进行清理，使用钢丝刷清理掉工件表面的氧化皮。对于焊接后产生的变形，不需要进行矫正。

任务 3　钨极氩弧焊实训

1. 任务要求

采用钨极氩弧焊，完成钢板的组对和焊接。采用与 CO_2 气体保护焊实训相同规格的钢板，如图 7-5 所示。

2. 焊接参数

钢板（两块）：长 100mm，宽 15mm，厚度 2.5mm。

焊丝直径：1.0mm。

焊接位置：平焊。

电流极性：直流正接。

钨极直径：1.6mm。

焊接电流：80A。

保护气体流量：4L/ min。

焊接方向：左向焊接。

3. 焊接操作

（1）组对　把两块 100mm×15mm×2.5mm 钢板，沿宽度方向进行组对，组成一块 100mm×30mm×2.5mm 的钢板。

定位点的间隔不大于 40mm，即在工件的两端和中间定位。

（2）焊接

1）对工件进行焊前处理，清理掉定位点处氧化皮杂质等。

2）在进行定位的背面完成第一面焊道的焊接。要求在焊接中填充焊接材料，电弧长度在 5~6mm，焊缝要填满。

3）在定位焊的另一面完成焊道的焊接。要求在焊接中不填充焊接材料，电弧长度在 3~4mm。

4）对工件进行清理，使用钢丝刷清理工件表面。对于焊接后产生的变形，不需要进行矫正。

任务 4　埋弧焊、电阻焊、钎焊及等离子弧切割

1. 埋弧焊

埋弧焊是当今生产率较高的机械化焊接方法之一。

（1）埋弧焊的过程　埋弧焊时，引燃电弧、送丝、电弧沿焊接方向移动及焊接收尾等过程完全由机械来完成。埋弧焊的过程，如图 7-6 所示。

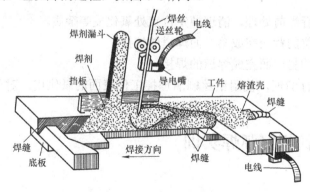

图 7-6　埋弧焊的过程

焊剂由漏斗流出后，均匀地堆敷在装配好的工件上，焊丝由送丝机构经送丝轮和导电嘴送入焊接电弧区。焊接电源的两端分别接在导电嘴和工件上。送丝机构、焊剂漏斗及控制盘在焊接小车上沿轨道移动，以实现焊接电弧的移动。

焊接过程是通过操作控制盘上的按钮来实现自动控制的。焊接过程中，在工件被焊处覆盖着一层 30～50mm 厚度的粒状焊剂，连续送进的焊丝在焊剂层下与工件间产生电弧，电弧的热量使焊丝、工件和焊剂熔化，形成金属熔池，熔化的焊剂飘浮在熔池表面，使其与空气隔绝。随着焊机自动向前移动，电弧不断熔化前方的工件金属、焊丝及焊剂，而熔池后方的边缘开始冷却凝固形成焊缝，液态熔渣随后也冷凝形成坚硬的熔渣壳，如图 7-7 所示。

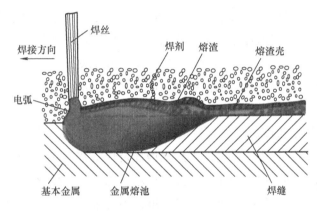

图 7-7　埋弧焊焊缝断面示意图

（2）埋弧焊的优点

1）生产率高。埋弧焊的焊丝导电长度短，电流和电流密度高，电弧的熔深和焊丝熔敷效率高，一般不开坡口单面一次熔深可达 20mm。同时由于焊剂和熔渣的隔热作用，电弧上基本没有热的辐射散失，飞溅也少，虽然用于熔化焊剂的热量损耗有所增大，但总的热效率仍然大大增加。

2）焊缝质量高。熔渣隔绝空气的保护效果好，焊接参数可以通过自动调节保持稳定，对焊工技术水平要求不高，焊缝成分稳定，力学性能比较好。

3）劳动条件好。除了减轻手工焊接操作的劳动强度外，它没有弧光辐射，这是埋弧焊的独特优点。

（3）应用范围。目前埋弧焊主要用于焊接各种钢板结构。可焊接的钢种包括碳素结构钢、不锈钢、耐热钢及其复合钢材等。埋弧焊在造船、锅炉、化工容器、桥梁、起重机械、冶金机械制造业、海洋结构、核电设备中应用最为广泛。此外，用埋弧焊堆焊耐磨耐蚀合金或用于焊接镍基合金、铜合金也是较理想的。

（4）埋弧焊焊接参数　埋弧焊焊接参数主要有焊接电流、电弧电压、焊接速度、焊丝直径和伸出长度等。

1）焊接电流。一般焊接条件下，焊缝熔深与焊接电流成正比。随着焊接电流增加，熔深和焊缝余高都有显著增加，而焊缝宽度变化不大。同时，焊丝的熔化量也相应增加，这就使焊缝余高增加。随着焊接电流减小，熔深和焊缝余高都减小。当其他参数不变时，焊接电流对焊缝形状和尺寸的影响，如图 7-8 所示。

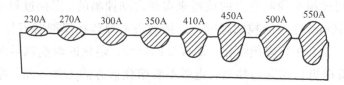

图 7-8　焊接电流对焊缝形状和尺寸的影响

2）电弧电压。电弧电压增加，焊缝宽度明显增加，而熔深和焊缝余高则有所下降。但是电弧电压太大时，不仅使熔深变小，产生未焊透，而且会导致焊缝成形差、脱渣困难，甚至产生咬边等缺欠。所以在增加电弧电压的同时，还应适当增加焊接电流。

3）焊接速度。焊接速度增加时，焊接热输入量相应减小，从而使焊缝熔深也减小。焊接速度太大会造成未焊透等缺欠。为保证焊接质量必须保证一定的焊接热输入量，即为了提高生产率而提高焊接速度的同时，应相应提高焊接电流和电弧电压。

4）焊丝直径和伸出长度。焊丝直径增加时，弧柱直径随之增加，即电流密度减小，会造成焊缝宽度增加，熔深减小；反之，则熔深增加及焊缝宽度减小。焊丝伸出长度增加时，电阻也随之增大，伸出部分焊丝所受到的预热作用增加，焊丝熔化速度加快，结果使熔深变浅，焊缝余高增加，因此必须控制焊丝伸出长度，不宜过长。

5）焊丝倾角。焊丝的倾斜方向分为前倾和后倾。当焊丝后倾一定角度时，由于电弧指向焊接方向，使熔池前面的工件受到了预热作用，电弧对熔池的液态金属排出作用减弱，而导致焊缝宽、熔深变浅。反之，焊缝宽度较小而熔深较大，但易使焊缝边缘产生未熔合和咬边，并且使焊缝成形变差。

6）工件倾斜。工件有时会处于倾斜位置，因而有上坡焊和下坡焊之分。上坡焊与焊丝后倾作用相似，下坡焊与焊丝前倾作用相似。

7）装配间隙与坡口角度。焊接装配间隙和坡口角度增大，焊缝余高会降低，在其他参数不变的情况下，甚至会出现未焊满。因此，为保证焊缝的质量，埋弧焊对工件装配与坡口加工的工艺要求较严格。

2. 电阻焊

电阻焊是将被焊工件压紧于两电极之间，并施以电流，利用电流流经工件接触面及邻近区域产生的电阻热效应将其加热到熔化或塑性状态，使之形成金属接合的一种方法。电阻焊方法主要有四种，即点焊、缝焊、凸焊、对焊，如图 7-9 所示。

（1）电阻焊的方法

1）点焊。点焊是将工件装配成搭接接头，并压紧在两柱状电极之间，利用电阻热熔化母材金属，形成焊点的电阻焊方法。点焊主要用于薄板焊接。

2）缝焊。缝焊的过程与点焊相似，只是以旋转圆盘状滚轮电极代替柱状电极。缝焊是将工件装配成搭接或对接接头，并置于两滚轮电极之间，滚轮加压工件并转动，连续或断续送电，形成一条连续焊缝的电阻焊方法。缝焊主要用于焊接焊缝较为规则、要求密封的结构，板厚一般在 3mm 以下。

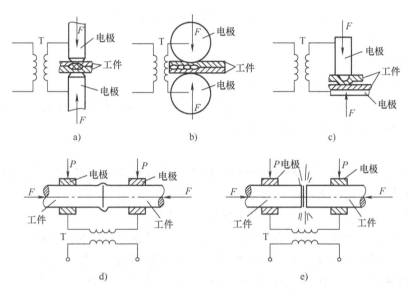

图 7-9　电阻焊方法示意图

a）点焊　b）缝焊　c）凸焊　d）电阻对焊　e）闪光对焊

F—电极力（顶锻力）　P—夹紧力　T—电源（变压器）

3）凸焊。凸焊是点焊的一种变形形式，在工件上有预制的凸点，凸焊时，一次可在接头处形成一个或多个熔核。

4）对焊。对焊是使工件沿整个接触面焊合的电阻焊方法。

①电阻对焊。电阻对焊是将工件装配成对接接头，使其端面紧密接触，利用电阻热加热至塑性状态，然后断电并迅速施加顶锻力完成焊接的方法。

②闪光对焊。闪光对焊是将工件装配成对接接头，接通电源，使其端面逐渐移近达到局部接触，利用电阻热加热这些接触点，在大电流作用下，产生闪光，使端面金属熔化，直至端部在一定深度范围内达到预定温度时，断电并迅速施加顶锻力完成焊接的方法。

闪光对焊的接头质量比电阻对焊好，焊缝力学性能与母材相当，而且焊前不需要清理接头的预焊表面。闪光对焊常用于重要工件的焊接。闪光对焊可焊同种金属，也可焊异种金属；可焊直径 0.01mm 的金属丝，也可焊截面达 20000mm^2 的金属棒和型材。

（2）电阻焊的优点

1）熔核形成时，始终被塑性环包围，熔化金属与空气隔绝，冶金过程简单。

2）加热时间短，热量集中，故热影响区小，变形与应力也小，通常在焊后不必安排矫正和热处理工序。

3）不需要焊丝、焊条等填充金属，以及氧、乙炔、氩等焊接材料，焊接成本低。

4）操作简单，易于实现机械化和自动化，改善了劳动条件。

5）生产率高且无噪声及有害气体，在大批量生产中，可以和其他制造工序一起制订到组装线上。但闪光对焊因有火花喷溅，需要隔离。

（3）电阻焊的缺点

1）目前还缺乏可靠的无损检测方法，焊接质量只能靠工艺试样和工件的破坏性试验来检查，以及靠各种监控技术来保证。

2）点、缝焊的搭接接头不仅增加了构件的质量，且因在两板焊接熔核周围形成夹角，致使接头的抗拉强度和疲劳强度均较低。

3）设备功率大，机械化、自动化程度较高，使设备成本较高、维修较困难，并且常用的大功率单相交流焊机不利于电网平衡运行。

3. 钎焊

钎焊是利用熔点比母材（被钎焊材料）熔点低的填充金属（称为钎料），在低于母材熔点、高于钎料熔点的温度下，利用液态钎料在母材表面润湿、铺展和在母材间隙中填缝，与母材相互溶解与扩散，从而实现工件间连接的焊接方法。

（1）钎焊过程　钎焊过程，如图 7-10 所示。表面清洗好的工件以搭接形式装配在一起，把钎料放在接头间隙附近或接头间隙之间，同时对工件和钎料加热，如图 7-10a 所示；当工件与钎料被加热到稍高于钎料熔点温度后，钎料熔化（工件未熔化），并借助毛细管作用被吸入和充满固态工件间隙之间，如图 7-10b 所示；液态钎料与工件金属相互扩散溶解，冷凝后即形成钎焊接头，如图 7-10c 所示。

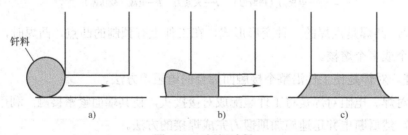

钎料

a)　　　　　　b)　　　　　　c)

图 7-10　钎焊过程

（2）钎焊的应用特点

1）钎焊加热温度较低，接头光滑平整，组织和力学性能变化小，变形小，工件尺寸精确。

2）可焊异种金属，也可焊接异种材料，且对工件厚度差无严格限制。

3）有些钎焊方法可同时焊接多个工件、多个接头，生产率很高。

4）钎焊设备简单，生产投资费用少。

5）接头强度低、耐热性差，焊前对工件的预处理要求严格，钎料价格较贵。

钎焊不适于一般钢结构和重载、动载机件的焊接，主要用于制造精密仪表、电气零部件、异种金属构件以及复杂薄板结构，如夹层构件、蜂窝结构等，也常用于钎焊各类导线与硬质合金刀具。

钎焊过程中不仅需要钎料，同时也需要钎剂。钎剂残渣大多数对钎焊接头起腐蚀作用，也妨碍对钎缝的检查，需清除干净。

4. 等离子弧切割

（1）等离子弧 对自由电弧的弧柱进行强迫"压缩"，从而使能量更加集中，弧柱中气体充分电离，这样的电弧称为等离子弧。等离子弧又称为压缩电弧。等离子弧主要有非转移型弧、转移型弧、联合型弧三种，如图 7-11 所示。电弧发生在钨极和工件（或压缩喷嘴）之间，高温的阳极斑点在工件上喷嘴附近最高温度可达 30000℃。

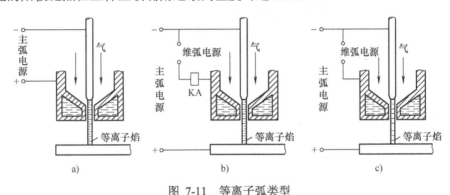

图 7-11 等离子弧类型

a）非转移型弧 b）转移型弧 c）联合型弧

等离子弧主要有以下三方面的应用。

1）等离子弧切割是用等离子弧作为热源、借助高速热离子气体熔化和吹除熔化金属而形成切口的热切割。

2）等离子弧焊接是借助于水冷喷嘴对电弧的拘束作用，从而获得较高能量密度的等离子弧进行焊接的方法。

3）等离子弧喷涂是用等离子弧对工件表面喷涂耐高温、耐磨损、耐蚀的高熔点金属或非金属涂层。

等离子弧还可以作为金属表面热处理的热源。

（2）等离子弧切割 利用等离子弧的热能实现切割的方法称为等离子弧切割。它是以高温、高速的等离子弧为热源，将被切割件局部熔化，并利用压缩的高速气流的机械冲刷力，将已熔化的金属或非金属吹走而形成狭窄切口的过程。等离子弧是一种比较理想的切割热源。等离子弧切割具有以下特点。

1）应用范围广。等离子弧可以切割各种高熔点金属及其他切割方法不能切割的金属，如不锈钢，耐热钢，钛、钼、钨、铸铁、铜及铜合金，铝及铝合金等。采用非转移型弧时，还能切割各种非导电材料，如花岗岩、混凝土、耐火砖、碳化硅等。

2）切割速度快、生产率高。在目前采用的各种切割方法中，等离子弧切割的速度比较快、生产率也比较高。

3）切割质量高。等离子弧切割时，能得到比较狭窄、光洁、整齐、无粘渣、接近于垂直的切口，而且切口的变形和热影响区较小，其硬度变化也不大，切割质量好。

 复习与思考

1）简述气体保护焊的原理及主要特点。

2）简述气体保护焊的分类。

3）什么是 CO_2 气体保护焊？它有什么优点？

4）手工钨极氩弧焊的设备由哪几部分组成？

5）分析 CO_2 气体保护焊产生飞溅的原因、危害以及减少飞溅的措施。

6）什么是阴极破碎？

7）什么是埋弧焊？

8）简述电阻焊的原理及特点。

9）简述钎焊的原理及特点。

10）什么是等离子弧？等离子弧切割的特点是什么？

实训任务

1）分组完成钢板的 CO_2 气体保护焊焊接。

2）分组完成钢板的钨极氩弧焊焊接。

项目8　常用金属材料的焊接

 学习目标《

掌握碳素钢的焊接性。

掌握碳素钢的焊接。

完成中碳钢的焊接试验。

掌握低合金高强度钢的焊接。

了解和初步掌握不锈钢的焊接。

了解铝和铝合金的焊接。

了解铜和铜合金的焊接。

任务1　碳素钢的焊接

GB/T 3375—1994《焊接术语》中对焊接性的定义是："材料在限定的施工条件下，焊接成符合设计要求的构件，并满足预定服役要求的能力。"

1. 碳素钢的焊接性

碳素钢又称为碳钢，因其具有较好的力学性能和各种工艺性能，而且冶炼工艺比较简单、价格低廉，因此在焊接结构制造上得到了广泛的应用。

碳素钢的焊接性主要取决于碳含量的高低。随着碳含量增加，焊接性逐渐变差，它们之间的关系见表 8-1。因为碳含量较高的钢从焊接温度快速冷却下容易被淬硬。被淬硬的焊缝和热影响区因其塑性下降，在焊接应力作用下容易产生裂纹。碳素钢被淬硬主要由于马氏体组织形成而引起。马氏体的数量受冷却速度影响，非常快的冷却速度可以产生 100%的马氏体，从而可达到最高硬度。因此，焊接碳含量较高的碳素钢时，就应当注意减缓冷却速度，使马氏体的数量减至最少。

表 8-1　碳素钢焊接性与碳含量的关系

名称	w_C（%）	典型硬度	典型用途	焊接性
低碳钢	≤0.15	60HBW	特殊板材和型材、薄板、带材、焊丝	好
	0.15～0.25	90HBW	结构用型材、板材和棒材	良
中碳钢	0.25～0.60	25HRC	机器部件和工具	中（通常需要预热和后热，推荐使用低氢焊接方法）
高碳钢	≥0.60	40HRC	弹簧、模具、钢轨	劣（必须使用低氢焊接方法、预热和后热）

焊接的冷却速度受焊接热输入、母材板厚和环境温度的影响。厚板或在低温条件下焊接，其冷却速度加快；预热或加大焊接热输入，可以降低冷却速度，减少裂纹产生。碳素钢中碳的质量分数增加到0.15%以上时，对氢致裂纹尤其敏感。因此，焊接碳的质量分数高于0.15%的碳素钢时，须注意减少氢的来源，如减少大气中的水分，焊前对待焊部位及附近须清除油污、铁锈等。焊条电弧焊时宜选用低氢焊条。在其他焊接方法中应制造低氢环境，以减少焊缝周围环境中的氢含量。

焊接碳素钢时产生裂纹的力学原因是结构的拘束力和不均衡的热应力。即使是不易淬硬的低碳钢，在受拘束力条件下采用了不正确的焊接程序，也会因这些应力过大而产生裂纹。

总之，对碳素钢的焊接，应针对其碳含量不同而采取相应的工艺措施。当碳含量较低时，如低碳钢，应着重注意防止结构拘束力和不均衡的热应力所引起的裂纹；当碳含量较高时，如高碳钢，除了防止因这些应力所引起的裂纹外，还要特别注意防止因淬硬而引起的裂纹。

2. 低碳钢的焊接

（1）低碳钢的焊接特点　低碳钢碳的质量分数低（≤0.25%），其他合金元素含量较少，是焊接性最好的钢种。采用通常的焊接方法后，接头中不会产生淬硬组织或冷裂纹。只要焊接材料选择适当，便能得到满意的焊接接头。

用电弧焊焊接低碳钢时，为了提高焊缝金属的塑性、韧性和抗裂性能，通常都是使焊缝金属的碳含量低于母材，依靠提高焊缝中的硅、锰含量和电弧焊所具有较高的冷却速度来达到与母材等强度。因此，焊缝金属会随着冷却速度增加，其强度会提高，而塑性和韧性会下降。为了防止过快的冷却速度，当焊厚板单层角焊缝时，焊脚尺寸不宜过小；多层焊时，应尽量连续施焊；焊补表面缺欠时，焊缝应具有一定的尺寸，焊缝长度不得过短，必要时应采用100～150℃的局部预热。

（2）低碳钢的焊接材料

1）电弧焊用焊条。用于焊接结构的低碳钢多是Q235钢，应选用E43××系列焊条，在力学性能上与母材恰好相匹配。当焊接重要的或裂纹敏感性较大的结构时，常选用低氢型碱性焊条，如E4316、E4315、E5016、E5015等。因这类焊条具有较好的抗裂性能和力学性能，其韧性和抗时效性能也很好。

2）低碳钢焊条选用举例。低碳钢压力容器的焊条选择，见表8-2。

表8-2　低碳钢压力容器的焊条选择

牌号	壁厚不大的中、低压容器	重要的受压容器、低温下焊接	施焊条件
	焊条型号	焊条型号	
Q235	E4313	E4303	一般不预热
08, 10, 20	E4303、E4301、E4320、E4311	E4316、E4315、E5016、E5015	一般不预热
25	E4316、E4315	E5016、E5015	厚板结构预热150℃以上

（3）低碳钢的焊接工艺要点

为确保低碳钢的焊接质量，在焊接工艺方面须注意以下几点

1）焊前清除工件表面铁锈、油污、水分等。焊接材料焊前要烘干。

2）角焊缝、对接多层焊的第一层焊缝以及单道焊缝要避免采用窄而深的坡口形式，以防止出现裂纹、未焊透或夹渣等焊接缺欠。

3）焊接刚性大的构件时，为了防止产生裂纹，宜采用焊前预热和焊后消除应力的措施。

4）在环境温度低于-10℃时焊接低碳钢结构时，接头冷却速度快，为了防止产生裂纹，应采取以下减缓冷却速度的措施。

①焊前预热，焊时保持层间温度。

②采用低氢型或超低氢型焊接材料。

③定位焊时须加大焊接电流，适当加大定位焊的焊缝截面和长度，必要时焊前也必须预热。

④整条焊缝连续焊完，尽量避免中断。熄弧时要填满弧坑。

3. 中碳钢的焊接

（1）中碳钢的焊接特点　中碳钢碳含量较高，其焊接性比低碳钢差。当 w_C 接近下限（0.25%）时，焊接性良好，随着碳含量增加，其淬硬倾向随之增大，在热影响区容易产生低塑性的马氏体组织。当工件刚性较大或焊接材料、焊接参数选择不当时，容易产生冷裂纹。多层焊焊接第一层焊缝时，由于母材金属熔合到焊缝中的比例大，使其碳含量及硫、磷含量增高，因而容易产生热裂纹。此外，碳含量高时，气孔敏感性增大。

（2）中碳钢的焊接材料　应尽量选用抗裂性能好的低氢型焊接材料。焊条电弧焊时，若要求焊缝与母材等强度，宜选用强度级别相当的低氢型焊条；若不要求等强度时，则选用强度级别比母材低一级的低氢型焊条，以提高焊缝的塑性、韧性和抗裂性能。如果选用非低氢型焊条进行焊接，则必须有严格的工艺措施配合，如控制预热温度、减少母材的熔合比等。当工件不允许预热时，可选用塑性优良的铬镍奥氏体不锈钢焊条，这样可以减少焊接接头应力，避免热影响区冷裂纹的产生。中碳钢焊接用焊条、预热及层间温度，消除应力热处理温度，见表8-3。

表 8-3　中碳钢焊接用焊条、预热及层间温度、消除应力热处理温度

牌号	不要求等强度	要求等强度	要求高塑性、高韧性	板厚/mm	预热及层间温度/℃	消除应力热处理温度/℃
	焊条型号	焊条型号	焊条型号			
25	E4303 E4301	E5016 E5015		≤25	>50	600～650
30	E4316 E4315	—		25～50	>100	600～650
35	E4303 E4301	E5016 E5015	E308-16 E309-16 E309-15 E310-16 E310-15	50～100	>150	600～650
ZG270-500	E4316 E4315	E5516 E5515				600～650
45	E4316 E4315	E5516 E5515		≤100	>200	600～650
ZG310-570	E5016 E5015	E6016 E6015				600～650
55	E4316 E4315	E6016 E6015		≤100	>250	600～650
ZG340-640	E5016 E5015	—				600～650

（3）中碳钢的焊接工艺要点

1）预热及层间温度。预热是焊接和焊补中碳钢时防止裂纹的有效工艺措施。因为预热可降低焊缝金属和热影响区的冷却速度、抑制马氏体的形成。预热温度取决于碳含量、母材厚度、结构刚性、焊条类型和工艺方法等。最好是整体预热，整体预热有困难时，可进行局部预热，其加热范围应为坡口两侧 150～200mm。多层焊时，要控制层间温度，一般不低于预热的温度。

2）浅熔深。为了减少母材金属熔入焊缝中的比例，焊接接头可做成 U 形或 V 形坡口。如果是焊补铸件缺欠，所铲挖的坡口外形应圆滑。多层焊时应采用小焊条及小焊接电流，以减少熔深。

3）焊后处理。最好是焊后冷却到预热温度之前就进行消除应力热处理，尤其是大厚度工件或大刚性的结构件更应如此。消除应力热处理温度一般在 600～650℃。如果焊后不能立即进行消除应力热处理，则应先进行后热，以便扩散氢逸出。后热温度 150℃，保温 2h。

4）锤击焊缝金属。没有热处理消除焊接应力的条件时，可焊接过程中用锤击热态焊缝的方法减小焊接应力，并设法使焊缝缓冷。

任务 2　中碳钢的焊接实训

1. 任务要求

完成中碳钢板板对接的焊接。钢板为 45 钢，规格为 200mm×75mm×12mm，组对后的尺寸为 200mm×150mm×12mm，如图 8-1 所示。在焊接中，要求分别用两种不同的焊条，各完成一个工件的焊接。

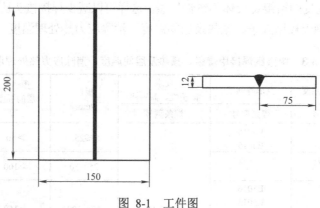

图 8-1　工件图

2. 焊接参数

（1）工件一

1）焊条：E4316，ϕ3.2mm。

2）焊接电流：120A，直流反接。

（2）工件二

1）焊条：E5516，ϕ3.2mm。

2）焊接电流：120A，直流反接。

3. 焊接操作

分组完成工件的焊接，每组都需完成两个工件的焊接，焊接位置为平焊位。

首先完成工件的清理和组对，工件的坡口形式为 V 形，不留间隙，在反面进行定位焊；右向焊接，电弧必须为短弧；三层焊道完成焊接，在第一层和第二层焊道焊完后，必须认真清理焊渣；焊后要对工件表面的焊渣、飞溅进行清理，清理时不许用砂轮机。

任务3   合金钢、铸铁的焊接

合金钢的焊接主要是对合金结构钢及耐酸不锈钢的焊接。铸铁的焊接则是对铸铁工件的焊补。

1. 低合金高强度结构钢的焊接

（1）合金结构钢及其分类   合金结构钢是在碳素钢的基础上有目的地加入一种或几种合金元素的钢。常用的合金元素有锰、硅、铬、镍、钼、钒、钛等。加入合金元素可使钢的性能产生预期变化，提高其强度，改善其韧性，或使其具有特殊的物理、化学性能，如耐热性、耐蚀性等。合金结构钢的应用领域很广，种类繁多，可按化学成分、合金系统、组织状态、用途或使用性能等方法分类。按合金元素总质量分数的多少分为低合金钢、中合金钢、高合金钢；按用途和性能分为强度用钢（高强度用钢）、特殊用钢；按供货状态分为热轧钢、正火钢、低碳调质钢等。

（2）常用元素对合金结构钢焊接性的影响   钢材的焊接性受许多因素的影响，如碳含量、淬火倾向、耐回火性等。这些因素都取决于钢材的化学成分。常用元素对钢材焊接性的影响，见表 8-4。

表 8-4   常用元素对钢材焊接性的影响

常用元素	对钢材焊接性的影响
碳	碳是保证钢材强度必不可少的元素，但也是降低钢材焊接性的元素。碳含量增加，焊缝中的结晶裂纹和焊接接头的冷裂纹倾向都要增大。合金结构钢中碳的质量分数为 0.05%~0.16%时，焊接性能好。低合金高强度结构钢中碳的质量分数一般不大于 0.2%
硅	硅的固溶强化作用很强，可以有效提高钢的强度，同时还是良好的脱氧剂。但硅的含量超过一定范围时，会造成钢材的韧性下降，焊接时易产生夹渣、飞溅等。一般硅的质量分数在 0.4%~0.7%
锰	锰可以提高钢的强度和淬透性，改善组织和细化晶粒，也可以脱氧和脱硫，提高焊缝金属的力学性能，降低焊缝金属的结晶裂纹敏感性。在焊接时，锰的质量分数大于 1.0%，钢的淬透性增加，对焊接性不利
铬	铬能提高钢的淬透性、耐热性、耐蚀性，但对焊接性不利
钼	钼是提高热强性的元素，能提高热影响区的淬硬倾向，使裂纹敏感性增大。一般当钼的质量分数为 0.25%~0.50%时，既可以强化金属，又能改善韧性；钼的质量分数大于 0.5%，韧性开始恶化
镍	镍可以提高强度而又不降低韧性，镍对焊接有利
钒	钒能细化焊缝金属的铸态组织，防止热影响区的晶粒过分长大；减小钢的淬透性和时效敏感性；防止焊接接头中形成马氏体组织；钒能改善低合金结构钢的焊接性
钛	钛是强脱氧剂、退氮剂，能细化晶粒。少量的钛可以提高金属的韧性，过多则使韧性恶化。钛含量适宜时，可改善钢的焊接性
铌	铌能细化晶粒。少量的铌可以提高某些钢的屈服强度。在大多情况下，铌会减低冲击韧度。焊接材料里不能含铌，焊接铌含量高的钢材，需要加入适量的锰和少量的钛、钼

（3）合金结构钢焊接性分析

1）热影响区脆化。热影响区脆化是合金钢焊后产生裂纹、造成脆性破坏的主要原因之一，热影响区脆化主要是金属过热、晶粒粗大造成的。焊缝热影响区的金属组织如图 8-2 所示。它既和钢材的类型、合金系统有关，又和焊接热输入有关，因为热输入直接影响高温停留时间和冷却速度。焊接热输入偏高，使该区的奥氏体晶粒严重增大，稳定性增加，使之转变产物先析铁素体和共析铁素体的延伸发展，除沿晶界析出外还向晶内延伸，形成魏氏体组织及其他塑性低的混合组织，从而使热影响区脆化。因此对于像 Q345 之类固溶强化的热轧钢，焊接时，采用适当低的输入热等工艺措施来抑制热影响区奥氏体晶粒长大及魏氏组织出现，是防止热影响区脆化的关键。

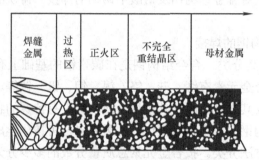

图 8-2 焊缝热影响区的金属组织

2）焊接接头的冷裂纹。冷裂纹一般在冷却过程中产生，有时甚至放置相当长的时间后才能产生，故又称为延迟裂纹。产生冷裂纹的原因是：焊接接头产生淬硬组织；接头内氢含量多；残余应力较大。为防止冷裂纹，应尽量避免在焊接接头中形成淬硬组织，这点可通过一定的工艺措施和控制冷却速度来达到。图 8-3 所示为常见的焊接接头冷裂纹的形式。

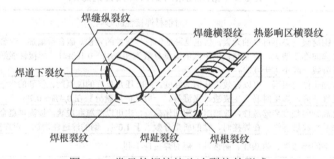

图 8-3 常见的焊接接头冷裂纹的形式

3）焊接接头的热裂纹。采用焊接热输入大的焊接方法来焊接高拘束度接头时，焊接接头中会出现各种形式的热裂纹，如结晶裂纹和高温液化裂纹等。选用低氢型焊条或选用超低碳焊丝配合高锰高硅焊剂进行焊接是防止结晶裂纹的有效措施。图 8-4 所示为常见的焊接接头热裂纹的形式。

4）消除应力裂纹（再热裂纹）。一些特厚、结构复杂或技术要求高的压力容器，在制造过程中需进行多次中间退火。在退火的加热过程中，含有沉淀强化的钢就有可能出现消除应力裂纹。采用提高预热温度、进行后热、合理选用焊接参数等措施，可防止消除应力裂纹。

5）层状撕裂。大厚度轧制钢板焊接时，在热影响区附近可能产生与钢板表面平行的裂纹，称为层状撕裂，如图 8-5 所示。这主要与母材的层状杂质偏析有关。选择合理的坡口形式，尽量使焊缝的熔合线与钢板表面成一定角度，可以防止层状撕裂。

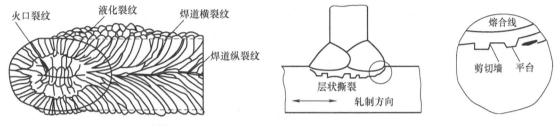

图 8-4　常见的焊接接头热裂纹的形式　　　　　　图 8-5　层状撕裂

（4）低合金高强度结构钢的焊接工艺　低合金高强度结构钢的焊接工艺内容包括焊接方法与焊接材料的选用、焊前准备、焊接参数的选择等。

1）焊接方法的选择。目前低合金高强度结构钢的焊接方法可分成两类：一类是焊接热输入大的焊接方法，如埋弧焊、电渣焊等；另一类是焊接热输入较小的焊接方法，如焊条电弧焊、钨极氩弧焊、熔化极气体保护焊等。

2）焊接材料的选择。选择焊接材料最重要的原则就是确保焊缝金属的力学性能，使之满足产品技术要求，从而保证产品正常使用。焊接热轧及正火钢常用焊接材料，见表 8-5。

表 8-5　焊接热轧及正火钢常用焊接材料

牌号	焊条电弧焊	气体保护焊	
GB/T 1591—2008	焊条	实芯焊丝	药芯焊丝
Q345	E5001 E5003 E5015 E5016	ER49-1 ER50-2 ER50-6 ER50-7	YJ502-1 YJ502K-1 YJ507-1
Q390	E5001 E5003 E5015 E5016	ER50-2 ER50-6 ER50-7	YJ502-1 YJ502K-1 YJ507-1
Q420	E5515 E5516 E6015 E6016	ER50-2 ER50-6 ER50-7 ER55-D2	PK-YJ607

3）焊前准备。

①接头形式及坡口制备。

a. 接头形式。接头形式宜选择 V 形或 U 形坡口的对接接头、角接接头，应避免采用不宜焊透的 I 形坡口；尽量减少焊缝的横截面积等。

b. 坡口制备。根据坡口形状，可以采用火焰切割、等离子弧切割和机械加工等方法加工坡口。

②焊接区的清理。低合金高强度结构钢焊接接头的焊接区清理，是为了建立低氢环境。

钢材的淬硬倾向越大，对焊接区清理的要求也越高。焊缝边缘和坡口表面不应有氧化皮、锈斑、油脂及其他污染物。焊前还必须清除焊接区钢板表面的吸附水分。如果工件表面未经过喷丸、喷砂等预处理，则在焊缝的两侧用砂轮打磨至露出光泽。焊条电弧焊的打磨区为每侧20mm，埋弧焊为30mm，电渣焊为40mm。

③焊接材料的焊前处理。焊条和焊剂在使用之前，应按技术文件规定或生产厂推荐的规范进行烘干。

4）焊接参数的选择。焊接参数包括焊接电流、焊接电压、焊接速度等能量参数，焊接位置、焊接顺序、焊接方向、焊接层次等操作参数，以及预热温度、层间温度、后热温度等温度参数。在能量参数和操作参数合理安排后，温度参数对保证焊缝金属和热影响区的性能极为重要。几种热轧及正火钢的预热温度和焊后热处理规范，见表8-6。

表8-6　几种热轧及正火钢的预热温度和焊后热处理规范

牌号	板厚/mm	预热温度/℃	焊后热处理温度	
			焊条电弧焊	电渣焊
Q345	≤40	不预热	不热处理 或在600~650℃回火	900~930℃正火 600~650℃回火
	>40	≥100		
Q390	≤32	不预热	不热处理 或在530~580℃回火	950~980℃正火 560~590℃或 600~650℃回火
	>32	≥100		
Q420	≤32	不预热	—	—
	>32	≥100		

2. 不锈钢的焊接

1）不锈钢的类型。不锈钢主要按正火状态的组织分类，主要有马氏体不锈钢、铁素体不锈钢、奥氏体不锈钢、铁素体—奥氏体双相不锈钢等。

2）不锈钢的焊接性。目前应用最广泛的不锈钢是奥氏体不锈钢。奥氏体不锈钢具有良好的塑性和韧性，焊接性能良好，只有当焊接材料选择不当或焊接工艺不合理时，才会导致焊接接头的晶间腐蚀、应力腐蚀、热裂纹及脆化等现象。

3）奥氏体不锈钢焊接材料的选用。奥氏体不锈钢焊接材料的选用原则是应使焊缝金属的合金成分与母材的合金成分基本相同，并尽量降低焊缝金属中的碳含量和硫、磷等杂质的含量。表8-7列出了奥氏体不锈钢焊接材料的选用。

表8-7　奥氏体不锈钢焊接材料的选用

牌号 （GB/T 20878—2007）	焊条牌号 （GB/T 983—2012）	氩弧焊焊丝 （YB/T 5092—2005）	埋弧焊(焊丝、焊剂) （GB/T 17854—1999）
12Gr18Ni9 （S30210）	E308-16 E308-15	H08Gr21Ni10	F 308-H0Gr21Ni10
06Gr18Ni11Ti （S32168）	E320-16 E320-15	H08Gr19Ni10Ti	F 316-H0Gr20Ni10Ti H0Gr21Ni10Ti
Y12Gr18Ni9Se （S30327）	E308-16 E316-16	H08Gr20Ni11Mo2	F 308-H0Gr19Ni12Mo2
022Gr17Ni12Mo2 （S31603）	E316-16	H03Gr19Ni12Mo2	F 316L-H00Gr19Ni12Mo2

4）奥氏体不锈钢焊接方法的选择。奥氏体不锈钢具有较好的焊接性，可以采用焊条电弧焊、埋弧焊、惰性气体保护焊和等离子弧焊等焊接方法。由于电渣焊会使奥氏体不锈钢接头的抗晶间腐蚀能力降低，所以一般不使用电渣焊。

5）焊前准备。奥氏体不锈钢用氧乙炔气割困难，一般选用机械切割、等离子弧切割及碳弧气刨等加工方法下料和制备坡口。焊前清理干净焊道两侧 20～30mm 内的工件表面，油污可用丙酮或酒精等有机溶剂擦拭。在奥氏体不锈钢表面涂用白垩粉调制的糊浆，以保护钢材表面不被飞溅金属损伤。在运输和操作过程中，不允许用利器划伤钢板表面和在钢板上随意引弧。

6）焊接参数的选择。焊条电弧焊选用直流反接。焊接时，焊条不能横向摆动，以减少晶间腐蚀、热裂纹及变形的产生。钨极氩弧焊选用直流正接，以防止夹钨和渗钨现象。

7）焊后处理。奥氏体不锈钢焊后需要进行表面处理，包括表面抛光、酸洗和钝化处理。

3. 铸铁的焊接

铸铁在制造和使用中容易出现各种缺欠和损坏。铸铁焊接就是对铸铁工件的补焊，是对有缺欠铸铁件进行修复的重要手段。

（1）铸铁的焊接性　铸铁碳含量高，脆性大，焊接性很差，在焊接过程中易产生白口组织和裂纹。

1）白口组织。白口组织是由于在铸铁补焊时，碳、硅等促进石墨化元素大量烧损，且补焊区冷却速度快，在焊缝区石墨化过程来不及进行而产生的。白口铸铁硬而脆，可加工性很差。采用碳、硅含量高的铸铁焊接材料或镍基合金、铜镍合金、高钒钢等非铸铁焊接材料，或补焊时进行预热缓冷使石墨充分析出，或采用钎焊，可避免出现白口组织。

2）裂纹。裂纹通常发生在焊缝和热影响区。产生裂纹的原因是铸铁的抗拉强度低，塑性很差（400℃以下基本无塑性），而焊接应力较大，且接头存在白口组织时，由于白口组织的断面收缩率更大，裂纹倾向更加严重，甚至可使整条焊缝沿熔合线从母材上剥离下来。

防止裂纹的主要措施有：采用纯镍或铜镍焊条、焊丝，以增加焊缝金属的塑性；加热减应区以减小焊缝上的拉应力；采取预热、缓冷、小电流、分散焊等措施减小工件的温度差。

（2）铸铁的补焊方法　铸铁的补焊方法，见表 8-8。补焊方法主要根据对焊后的要求（如焊缝的强度、颜色、致密性、焊后是否进行机加工等）、铸件的结构情况（大小、壁厚、复杂程度、刚度等）及缺欠情况来选择。焊条电弧焊和气焊是最常用的铸铁补焊方法。

表 8-8　铸铁的补焊方法

补焊方法		焊接材料的选用	焊缝特点
焊条电弧焊	热焊及半热焊	Z208、Z24	强度、硬度、颜色与母材相同或相近，可加工
	冷焊	Z100、Z116、Z248、Z308、Z408、Z508、Z607、Z612、E5015、E4315、E4303	强度、硬度、颜色与母材不同，加工性较差
气焊	热焊	铸铁焊丝	强度、硬度、颜色与母材相同，可加工
	钎焊	黄铜焊丝	强度、硬度、颜色与母材不同，可加工
CO_2 气体保护焊		H08Mn2Si	强度、硬度、颜色与母材不同，不易加工
电渣焊		铸铁屑	强度、硬度、颜色与母材相同，可加工，适用于大尺寸缺欠的补焊

（3）常见焊条电弧焊补焊的方法

1）热焊及半热焊。焊前将工件预热到一定温度（400℃以上），采用同材质焊条，选择大电流连续补焊，焊后缓冷。它的特点是焊接质量好，生产率低，成本高，劳动条件差。

2）冷焊。采用铸铁焊条或非铸铁型焊条，焊前不预热，焊接时采用小电流、分散焊，减小工件应力。它的特点是焊缝的强度、硬度、颜色与母材不同，加工性能较差，但焊后变形小，劳动条件好，成本低。

焊条电弧焊补焊采用的铸铁焊条牌号，见表8-9。

表8-9　焊条电弧焊补焊采用的铸铁焊条牌号

类别	牌号	焊芯组成	药皮类型	焊缝金属	用　途
钢芯铸铁焊条	Z100（EZFe-2）	碳　钢	氧化型	碳钢	一般灰铸铁件的非加工面
	Z116（EZV）	碳钢（高钒药皮）	低氢型	高钒钢	强度较高的灰铸铁、球墨铸铁、可锻铸铁
	Z208（EZC）	碳　钢	石墨型	碳钢	一般灰铸铁件（刚度较大时，预热至400℃）
铸铁芯铸铁焊条	Z248（EZCQ）	铸　铁	石墨型	铸铁	灰铸铁件
镍基铸铁焊条	Z308（EZNi-1）	纯　镍	石墨型	镍	重要灰铸铁件的加工面
	Z408（EZNiFe-1）	镍铁合金	石墨型	镍铁合金	球墨铸铁、重要灰铸铁件的加工面
	Z508（EZNiCu-1）	镍铜合金	石墨型	镍铜合金	强度要求不高的灰铸铁件的加工面
铜基铸铁焊条	Z607	纯　铜	低氢型	铜铁混合	一般灰铸铁件的非加工面
	Z612	钢芯铜皮/铜包钢芯	钛钙型	铜铁混合	一般灰铸铁件的非加工面

⊙ 任务4　不锈钢的焊接实训

1. 任务要求

用钨极氩弧焊完成图8-6所示的304不锈钢（06Cr19Ni10）钢板的对接焊接。

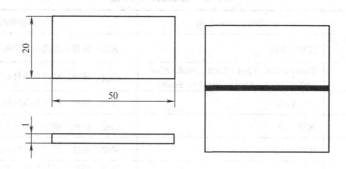

图8-6　不锈钢工件图

2. 焊接参数

钢板：两块长 50mm、宽 20mm、厚度 1mm 的不锈钢钢板。

焊丝型号：H1Cr19Ni9。

焊丝直径：1.0mm。

焊接位置：平焊。

电流极性：直流正接。

钨极直径：1.6mm。

焊接电流：70A。

保护气体流量：4L/ min。

焊接方向：左向焊接。

3. 焊接操作

（1）组对　对工件进行焊前处理，去除工件上的油渍、水渍。把两块 50mm×20mm×1mm 钢板，沿宽度方向进行组对，组成一块 50mm×40mm×1mm 的钢板。在工件的两端完成定位焊。

（2）焊接

1）在进行定位的背面完成第一面焊道的焊接。要求电弧长度为 5~6mm，焊缝要填满。

2）在定位焊的一面完成焊道的焊接。要求电弧长度为 3~4mm，焊缝要填满。

3）对工件进行矫正。

4）对工件进行清理，使用抛光砂轮对焊缝进行抛光（工件夹持在台虎钳上）。

5）工件打上标记，学生可以留做本课程实训项目的纪念。

◉ 任务 5　非铁金属的焊接

非铁金属指铁和铁基合金（其中包括生铁、铁合金和钢）以外的所有金属。有色合金是以一种非铁金属为基体（通常质量分数大于 50%），加入一种或几种其他元素而构成的合金。非铁金属元素只有 80 余种，但有色合金种类繁多，性能各异。常用的有色合金有铝合金、铜合金、镁合金、镍合金、锡合金、钽合金、钛合金、锌合金、钼合金、锆合金等。在工业上，铝及铝合金、铜及铜合金是比较常见的用于焊接的金属。

1. 铝及铝合金的焊接

（1）铝及铝合金的焊接性

1）易氧化。铝和氧的亲和力很大，因此在铝合金表面总是有一层难熔的氧化铝薄膜，氧化铝的熔点远远高于铝合金的熔点，在焊接中氧化铝薄膜会妨碍金属间的良好接合，造成熔合不良与夹渣。在铝及铝合金的焊接时，焊前必须除去工件表面的氧化膜，并防止在焊接过程中再次氧化。

2）易产生气孔。氮、碳不能溶于液态铝，而氢却可以大量地溶于液态铝，却又几乎不溶于固态铝，因此，在结晶过程中，氢要全部析出。由于铝及铝合金的密度小，氢气析出慢，加上铝的导热性好，结晶快，这样就易于形成氢气孔。

3）易焊穿。铝及铝合金由固态转变成液态时，没有显著的颜色变化，所以不易判断熔池的温度。加上高温时，铝的力学性能会下降，因此，焊接时常因温度控制不当导致焊穿。

4）热裂纹。铝的断面收缩率大，变形应力也大，当合金液相线和固相线的距离大或杂质过多形成低熔点共晶时，易产生热裂纹。

5）接头不良。铝及铝合金焊接时，由于热影响区受热而发生软化，强度降低而使焊接接头和母材不能达到等强度。

（2）铝及铝合金的焊接

1）焊前准备。焊前应清除工件坡口及焊丝的氧化膜和油污，通常采用化学清洗或机械清理；铝的导热性强，为了防止焊缝区热量的大量流失，焊前可预热。

2）焊接方法及工艺要点。焊接铝及铝合金常用的方法有钨极氩弧焊、熔化极氩弧焊、气焊、焊条电弧焊等。

①气焊。气焊生产率低，工件变形大，焊接质量差，多用于厚度不大的不重要结构、薄板和铸件的焊接。气焊火焰为中性焰或轻微碳化焰，焊丝一般可选择与工件化学成分相同的焊丝，也可从母材上切下金属窄条作为焊丝。气焊时，必须使用气焊熔剂。

②氩弧焊。由于氩弧焊的保护作用好、热量集中、焊缝质量好、成形美观、热影响区小、工件变形小等特点，对于质量要求高的铝及铝合金构件焊接，常用氩弧焊。为了去除熔池表面的氧化膜和防止钨极烧损，钨极氩弧焊焊接铝及铝合金，需选择交流电源。钨极氩弧焊的焊接厚度以不大于 6mm 为宜；熔化极氩弧焊一律采用直流反接。

③焊条电弧焊。板厚在 4mm 以上的铝及铝合金才采用焊条电弧焊焊接。焊条要经过严格的烘干。焊接时，焊条稳弧性不好，需采用直流反接，短弧操作。焊条不宜摆动，焊接速度要比钢焊条快 2～3 倍。现在已极少使用此方法。

3）焊后清理。铝及铝合金焊后留在焊缝及附近的残存熔剂和焊渣具有极强的腐蚀性，必须及时清除。一般方法是将工件在浓度为 10%的硝酸溶液中浸泡，再用冷水冲洗一次，然后用热风吹干或烘干。

2. 铜及铜合金的焊接

（1）铜及铜合金的焊接性

1）难熔合及易变形。铜的热导率大，20℃时铜的热导率比铁大 7 倍多，1000℃时大 11倍多，焊接时热量迅速从加热区传导出去，焊接区难以达到熔化温度，使母材与填充金属很难熔合；铜的线膨胀系数和断面收缩率大，再加上铜的导热能力强，使焊接热影响区加宽，易产生较大变形。

2）焊接接头性能下降。焊接接头的抗拉强度与母材接近，但由于存在合金元素的氧化及蒸发，有害杂质的侵入，焊缝金属和热影响区组织的粗大，再加上一些焊接缺欠等问题，使焊接接头的强度、塑性、导电性、耐蚀性等特点往往低于母材。

3）易产生气孔。气孔是铜及铜合金焊接时一个主要问题，主要是氢造成的氢气孔和水蒸气造成的反应气孔。铜及铜合金产生气孔的倾向比碳钢严重得多。

4）易产生热裂纹。铜及铜合金的线膨胀系数大，液态转变成固态的断面收缩率也大，产生的应力也较大，存在着过饱和氢的扩散，低熔点共晶物的偏析等都可造成热裂纹的产生。

（2）铜及铜合金的焊接　铜及铜合金的焊接可采用气焊、焊条电弧焊、碳弧焊、埋弧焊及氩弧焊。气焊铜及铜合金，需要用熔剂保护熔池。气焊纯铜时，应采用中性焰；气焊黄铜时，则选用氧化焰。

复习与思考

1）什么是金属的焊接性能？

2）低碳钢的焊接特点是什么？

3）中碳钢焊接时可能会出现哪些主要问题？应如何解决？

4）什么是合金结构钢？它是如何分类的？

5）简述不锈钢的焊接性。

6）铝及铝合金焊接时易产生什么问题？常用的焊接方法有哪些？

实训任务

1）分组完成钢板（45 钢）的焊接。

2）独立用焊条电弧焊完成不锈钢钢板的焊接。

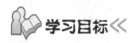 **学习目标 《**

> 了解焊接缺欠的种类及特征。
> 了解焊接前质量的控制。
> 了解和掌握焊接过程中的质量控制。
> 了解焊接成品检验。
> 了解焊接工件的返修工艺。

任务 1　焊接缺欠

　　焊接缺欠指在焊接接头中因焊接产生的金属不连续、不致密或连接不良的现象,简称"缺欠"。

　　焊接缺欠的种类很多,根据 GB/T 6417.1—2005 可将熔焊缺欠分为以下几类。

　　1)裂纹。

　　2)孔穴。

　　3)固体夹杂。

　　4)未熔合和未焊透。

　　5)形状和尺寸不良。

　　6)其他缺欠。

　　熔焊焊接接头中常见缺欠,见表 9-1。

表 9-1　熔焊焊接接头中常见缺欠

分类	代号	名　称	说　明
裂纹	100	裂纹	一种在固态下由局部断裂产生的缺欠,可能源于冷却或应力效果
	101	纵向裂纹	基本与焊缝轴线相平行的裂纹,可能位于焊缝金属、熔合线、热影响区、母材
	102	横向裂纹	基本与焊缝轴线相垂直的裂纹,可能位于焊缝金属、热影响区、母材
	103	放射状裂纹	具有某一公共点的放射状裂纹,可能位于焊缝金属、热影响区、母材
	104	弧坑裂纹	在焊缝弧坑处的裂纹,可能是纵向的、横向的、放射状的(星形裂纹)
	105	间断裂纹群	一群在任意方向间断分布的裂纹,可能位于焊缝金属、热影响区、母材
	106	枝状裂纹	源于同一裂纹并连在一起的裂纹群,可能位于焊缝金属、热影响区、母材
	1001	微观裂纹	在显微镜下才能观察到的裂纹

（续）

分类	代号	名　称	说　　明
孔穴	201	气孔	残留气体形成的孔穴
	2011	球形气孔	近似球形的孔穴
	2012	均布气孔	均匀分布在整个焊缝金属中的一些气孔
	2013	局部密集气孔	呈任意几何分布的一群气孔
	2014	链状气孔	与焊缝轴线平行的一串气孔
	2015	条形气孔	长度与焊缝轴线平行的非球形长气孔
	2016	虫形气孔	因气体逸出而在焊缝金属中产生的一种管状气孔穴，其形状和位置由凝固方式和气体的来源所决定，通常这种气孔成串聚集并呈鲱骨形状。有些虫形气孔可能暴露在焊缝表面上
	2017	表面气孔	暴露在焊缝表面的气孔
	202	缩孔	由于凝固时收缩造成的孔穴
	2021	结晶缩孔	冷却过程中在树枝晶之间形成的长形收缩孔，可能残留有气体。这种缺欠通常可在焊缝表面的垂直处发现
	2024	弧坑缩孔	焊道末端的凹陷孔穴，未被后续焊道消除
	2025	末端弧坑缩孔	减少焊缝横截面的外露缩孔
	203	微型缩孔	仅在显微镜下可以观察到的缩孔
	2031	微型结晶缩孔	冷却过程中沿晶界在树枝晶之间形成的长形缩孔
	2032	微型穿晶缩孔	凝固时穿过晶界形成的长形缩孔
固体夹杂	300	固体夹杂	在焊缝金属中残留的固体杂物
	301	夹渣	残留在焊缝金属中的熔渣。根据其形成的情况，这些夹渣可能是线状的、孤立的、成簇的
	302	焊剂夹渣	残留在焊缝金属中的焊剂渣。根据其形成的情况，这些夹渣可能是线状的、孤立的、成簇的
	303	氧化物夹杂	凝固时残留在焊缝金属中的金属氧化物。这种夹杂可能是线状的、孤立的、成簇的
	3034	皱褶	在某些情况下，特别是铝合金焊接时，因焊接熔池保护不善和紊流的双重影响而产生大量的氧化膜
	304	金属夹杂	残留在焊缝金属中的外来金属颗粒，其可能是钨、铜、其他金属
未熔合及未焊透	401	未熔合	焊缝金属和母材或焊缝金属各焊层之间未结合的部分，可能有如下某种形式：侧壁未熔合；焊道间未熔合；根部未熔合
	402	未焊透	实际熔深与公称熔深之间的差异
	4021	根部未焊透	根部的一个或两个熔合面未熔化
	403	钉尖	电子束或激光焊接时产生的极不均匀的熔透，呈锯齿状。这种缺欠可能包括孔穴、裂纹、缩孔等
形状和尺寸不良	500	形状不良	焊缝的外表面形状或接头的几何形状不良
	501	咬边	母材（或前一道熔敷金属）在焊趾处因焊接而产生的不规则缺口
	5011	连续咬边	具有一定长度且无间断的咬边
	5012	间断咬边	沿着焊缝间断、长度较短的咬边
	5013	缩沟	在根部焊道的每侧都可观察到的沟槽
	5014	焊道间咬边	焊道之间纵向的咬边
	5015	局部交错咬边	在焊道侧边或表面上，呈不规则间断的、长度较短的咬边

（续）

分类	代号	名　称	说　明
形状和尺寸不良	502	焊缝超高	对接焊缝表面上焊缝金属过高
	503	凸度过大	角焊缝表面上焊缝金属过高
	504	下塌	过多的焊缝金属伸出到焊缝的根部。下塌可能是局部下塌、连续下塌、熔穿
	505	焊缝形面不良	母材金属表面与靠近焊趾处焊缝表面的切线之间的夹角 α 过小
	506	焊瘤	覆盖在母材金属表面，但未与其熔合的过多焊缝金属。焊瘤可能是焊趾焊瘤、根部焊瘤
	507	错边	两个工件应平行对齐时，未达到规定的平行对齐要求而产生的偏差。错边可能是板边的错边、管材错边
	508	角度偏差	两个工件未平行（或未按规定角度对齐）而产生的偏差
	509	下垂	由于重力而导致焊缝金属塌落。下垂可能是水平下垂、在平面位置或过热位置下垂、角焊缝下垂、焊缝边缘熔化下垂
	510	烧穿	焊接熔池塌落导致焊缝内的孔洞
	511	未焊满	因焊接填充金属堆敷不充分，在焊缝表面产生纵向连续或间断的沟槽
	512	焊脚不对称	无须说明
	513	焊缝宽度不齐	焊缝宽度变化过大
	514	表面不规则	表面过度粗糙
	515	根部收缩	由于对接焊缝根部收缩产生的浅沟槽
	516	根部气孔	在凝固瞬间焊缝金属析出气体而在焊缝根部形成的多孔状孔穴
	517	焊缝接头不良	焊缝再引弧处局部表面不规则，可能发生在盖面焊道、打底焊道
	520	变形过大	由于焊接收缩和变形导致尺寸偏差超标
	521	焊缝尺寸不正确	与预先规定的焊缝尺寸产生偏差
	5211	焊缝厚度过大	焊缝厚度超过规定尺寸
	5212	焊缝宽度过大	焊缝宽度超过规定尺寸
	5213	焊缝有效厚度不足	角焊缝的实际有效厚度过小
	5214	焊缝有效厚度过大	角焊缝的实际有效厚度过大
其他缺欠	600	其他缺欠	从第1类～第5类未包含的所有其他缺欠
	601	电弧擦伤	由于在坡口外引弧或起弧而造成焊缝邻近母材表面处局部损伤
	602	飞溅	焊接（或焊缝金属凝固）时，焊缝金属或填充材料进溅出的颗粒
	6021	钨飞溅	从钨电极过渡到母材表面或凝固焊缝金属的钨颗粒
	603	表面撕裂	拆除临时焊接附件时造成的表面损坏
	604	磨痕	研磨造成的局部损坏
	605	凿痕	使用扁铲或其他工具造成的局部损坏
	606	打磨过量	过度打磨造成工件厚度不足
	607	定位焊缺欠	定位焊不当造成的缺欠，如焊道破裂或未熔合、定位焊未达到要求就施焊
	608	双面焊道错开	在接头两面施焊的焊道中心线错开
	610	回火色（可观察到氧化膜）	在不锈钢焊接区产生的轻微氧化表面

（续）

分类	代号	名　称	说　明
其他 缺欠	613	表面鳞片	焊接区严重的氧化表面
	614	焊剂残留物	焊剂残留物未从表面完全消除
	615	残渣	残渣未从焊缝表面完全消除
	617	角焊缝的根部 间隙不良	被焊工件之间的间隙过大或不足
	618	膨胀	凝固阶段保温时间加长使轻金属接头发热而造成的缺欠

焊接缺欠种类众多，下面仅对部分的焊接缺欠进行详细讲解。

1. 焊接裂纹

焊接裂纹指金属在焊接应力及其他致脆因素共同作用下，焊接接头局部地区金属原子结合力遭到破坏而形成新的界面所产生的缝隙。图 9-1 和图 9-2 所示为横向裂纹、纵向裂纹和弧坑裂纹。

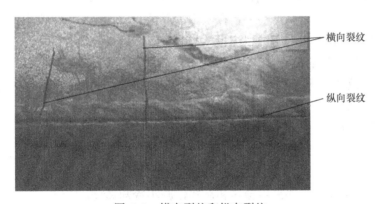

图 9-1　横向裂纹和纵向裂纹

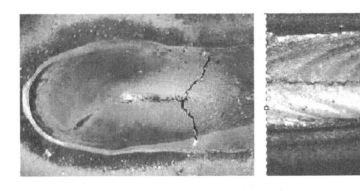

图 9-2　弧坑裂纹和纵向裂纹

（1）焊接裂纹分类

根据焊接裂纹形态，国家标准把焊接裂纹分为纵向裂纹、横向裂纹、放射状裂纹、弧坑裂纹、间断裂纹群、枝状裂纹和微观裂纹。除此之外还可以按照大小、形成原因进行分类。

1）根据裂纹尺寸大小分类。

①宏观裂纹：肉眼可见的裂纹。

②微观裂纹：在显微镜下才能发现。

③超显微裂纹：在高倍数显微镜下才能发现，一般指晶间裂纹和晶内裂纹。

2）根据形成的主要原因分类。

①热裂纹。热裂纹指产生于 Ac_3 线附近的裂纹，一般是焊接完毕即出现，故又称为结晶裂纹。这种裂纹主要发生在晶界，裂纹面上有氧化色彩，失去金属光泽。

②冷裂纹。冷裂纹指在焊接完毕冷却至马氏体转变温度 Ms 点以下产生的裂纹，一般是在焊后一段时间（几小时、几天甚至更长）才出现，故又称为延迟裂纹。

③再热裂纹。再热裂纹指接头冷却后再加热至 500~700℃时产生的裂纹。再热裂纹产生于沉淀强化的材料（如含 Cr、Mo、V、Ti、Nb 的金属）的焊接热影响区内的粗晶区，一般从熔合线向热影响区的粗晶区发展，呈晶间开裂特征。

④层状撕裂。层状撕裂主要是由于钢材在轧制过程中，将硫化物（MnS）、硅酸盐类等杂质夹在其中，形成各向异性，在焊接应力或外拘束应力的使用下，金属沿轧制方向的开裂。

⑤应力腐蚀裂纹。应力腐蚀裂纹指在应力和腐蚀介质共同作用下产生的裂纹。除残余应力或拘束应力的因素外，应力腐蚀裂纹主要与焊缝组织组成及形态有关。

（2）防止焊接裂纹的措施

1）防止热裂纹的措施。

①减小硫、磷等有害元素的含量，用碳含量较低的材料焊接。

②加入一定的合金元素，减小柱状晶和偏析。

③采用熔深较浅的焊缝，改善散热条件使低熔点物质上浮在焊缝表面而不存在于焊缝中。

④合理选用焊接规范，并采用预热和后热，减小冷却速度。

⑤采用合理的装配次序，减小焊接应力。

2）防止冷裂纹的措施。

①采用低氢型碱性焊条，严格烘干，在 100~150℃下保存，随取随用。

②提高预热温度，采用后热措施，并保证层间温度不小于预热温度，选择合理的焊接规范，避免焊缝中出现淬硬组织。

③选用合理的焊接顺序，减少焊接变形和焊接应力。

④焊后及时进行消氢热处理。

3）防止再热裂纹的措施。

①注意冶金元素的强化作用及其对再热裂纹的影响。

②合理预热或采用后热，控制冷却速度。

③降低残余应力，避免应力集中。

④回火处理时，尽量避开再热裂纹的敏感温度区或缩短在此温度区内的停留时间。

2. 孔穴

（1）气孔　气孔指焊接时，熔池中的气体未在金属凝固前逸出，残存于焊缝之中所形成的孔穴（图 9-3）。气体可能是熔池从外界吸收的，也可能是焊接冶金过程中反应生成的。

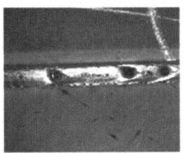

a)

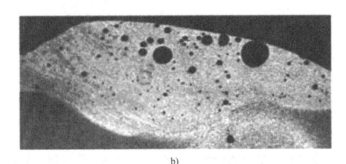

b)

图 9-3　气孔

a）气孔的外观　b）焊缝横剖面的内部气孔

1）气孔的分类。气孔从国家标准上分为球形气孔、均布气孔、局部密集气孔、链状气孔、条形气孔、虫形气孔和表面气孔。按气孔内气体成分，气孔分为氢气孔、氮气孔、二氧化碳气孔、一氧化碳气孔和氧气孔等。熔焊气孔多为氢气孔和一氧化碳气孔。

2）防止气孔的措施。

①清除焊丝、工作坡口及其附近表面的油污、铁锈、水分和杂物。

②采用碱性焊条、焊剂，并彻底烘干。

③采用直流反接并用短电弧施焊。

④焊前预热，减缓冷却速度。

⑤用偏强的规范施焊。

（2）缩孔

1）缩孔的分类。焊缝金属在凝固冷却过程中，由于收缩空间无法得到补充而形成了缩孔。缩孔可分为结晶缩孔、弧坑缩孔、末端弧坑缩孔、微型缩孔、微型结晶缩孔和微型穿晶缩孔。

2）防止缩孔的措施。

①正确选择焊接材料，减小焊缝中的成分差异。

②选择较小的焊接参数，避免熔池温度过高。

③热接头时，提高换焊条的速度，及时填满焊接熔池。

④降低收弧速度，收弧后熔池要饱满。

⑤焊前预热，减缓冷却速度。

3. 固体夹杂

固体夹杂是在焊缝金属中残留的固体杂物，包括夹渣、焊剂夹渣、氧化物夹渣、皱褶和金属夹杂。其中各种夹渣现象比较常见，下面重点加以介绍。

夹渣指焊后熔渣残存在焊缝中的现象，如图9-4所示。

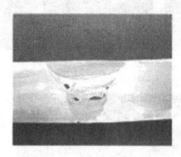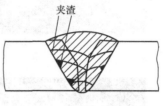

图 9-4　夹渣

1）夹渣的分类。

①金属夹渣。金属夹渣指钨、铜等金属颗粒残留在焊缝之中，习惯上称为夹钨、夹铜。

②非金属夹渣。非金属夹渣指未熔的焊条药皮或焊剂、硫化物、氧化物、氮化物残留于焊缝之中。

2）夹渣产生的原因。

①坡口尺寸不合理。

②坡口有污物。

③多层焊时，层间清渣不彻底。

④焊接热输入小。

⑤焊缝散热太快，液态金属凝固过快。

⑥焊条药皮、焊剂化学成分不合理，熔点过高。

⑦钨极惰性气体保护焊时，电源极性不当，电流密度大，钨极熔化脱落于熔池中。

⑧焊条电弧焊时，焊条摆动不良，不利于熔渣上浮。

可根据以上原因分别采取对应措施以防止夹渣的产生。

4. 未熔合及未焊透

未熔合及未焊透包括未熔合、未焊透、根部未焊透和钉尖。

（1）未熔合　未熔合指焊缝金属与母材金属或焊缝金属之间未熔化结合在一起的缺欠，如图9-5所示。

1）未熔合产生的原因。

①焊接电流过小。

②焊接速度过快。

③焊条角度不对。

④产生了弧偏吹现象。

⑤焊接处于下坡焊位置，母材未熔化时已被铁液覆盖。

⑥母材表面有污物或氧化物影响熔敷金属与母材间的熔化结合等。

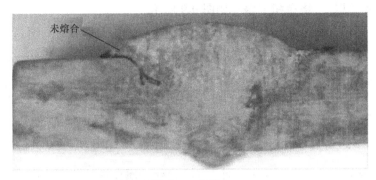

图 9-5　未熔合

2）防止未熔合的措施。采用较大的焊接电流，正确地进行施焊操作，注意坡口部位的清洁。

（2）未焊透　未焊透指熔池未达到工艺要求的熔深，而导致相应部位的母材金属未熔化的现象，如图 9-6 所示。它产生的原因与未熔合产生原因较为相似。

使用较大电流来焊接是防止未焊透的基本方法。另外，焊角焊缝时用交流代替直流以防止磁偏吹，合理设计坡口并加强清理，用短弧焊等措施也可有效防止未焊透的产生。

5. 形状和尺寸不良

常见的形状和尺寸缺欠有咬边、焊缝超高、凸度过大、下塌、焊缝形面不良、焊瘤、错边、角度偏差、下垂、烧穿、未焊满、焊脚不对称、焊缝宽度不齐、表面不规则、根部收缩、根部气孔、焊缝接头不良、变形过大和焊缝尺寸不正确等。下面重点介绍咬边、焊瘤、烧穿和下塌。

（1）咬边　咬边指母材（或前一道熔敷金属）在焊趾处因焊接产生的不规则缺口，如图 9-7 所示。它是由于电弧将焊缝边缘的母材熔化后没有得到熔敷金属的充分补充所留下的缺口。产生咬边的主要原因是电弧热量太高，即电流太大、运条速度太小所造成的。焊条与工件间角度不正确，摆动不合理，电弧过长，焊接次序不合理等都会造成咬边。直流焊时电弧的磁偏吹也是产生咬边的一个原因。某些焊接位置（立、横、仰)会加剧咬边。

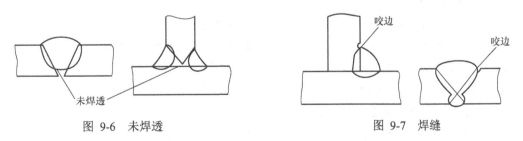

图 9-6　未焊透　　　　　　　　　　　　　图 9-7　焊缝

矫正操作姿势，选用合理的规范，采用良好的运条方式都会有利于消除咬边。焊角焊缝时，用交流焊代替直流焊也能有效地防止咬边。

（2）焊瘤　焊瘤指焊缝中的液态金属流到加热不足未熔化的母材上或从焊缝根部溢出，

冷却后形成的未与母材熔合的金属瘤,如图9-8所示。

防止焊瘤的措施:使焊缝处于平焊位置,正确选用规范,选用无偏芯焊条,合理操作。

(3)烧穿和下塌　　烧穿和下塌,如图9-9所示。

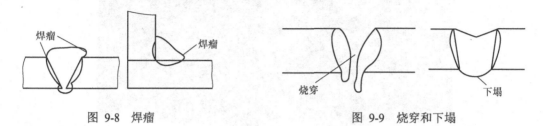

<table>
<tr><td>图 9-8　焊瘤</td><td>图 9-9　烧穿和下塌</td></tr>
</table>

烧穿指在焊接过程中,熔深超过工件厚度,熔化金属自焊缝背面流出,形成穿孔性缺欠。焊接电流过大、速度太慢,电弧在焊缝处停留过久都会产生烧穿缺欠。工件间隙太大、钝边太小也容易出现烧穿现象。选用较小电流并配合合适的焊接速度、减小装配间隙、在焊缝背面加设垫板或药垫、使用脉冲焊能有效地防止烧穿。

下塌指在单面焊时由于输入热量过大,熔化金属过多而使液态金属向焊缝背面塌落,成形后焊缝背面突起,正面下塌。选用较小电流、减小热输入、使用脉冲焊以防止下塌。

◉ 任务2　焊接检验过程

焊接质量检验是保证焊接产品质量优良、防止废品出厂的重要措施。通过检验可以发现制造过程中发生的质量问题,找出原因,消除缺欠,使新产品或新工艺得到应用,质量得到保证。焊接质量检验贯穿整个焊接过程,包括焊前检验、焊接生产过程中检验和焊后成品检验三个阶段。

1. 焊前检验

焊前检验指工件投产前应进行的检验工作,是焊接检验的第一阶段,其目的是预先防止和减少焊接时产生缺欠的可能性。

焊前检验包括以下几方面。

1)检验焊接基本金属、焊丝、焊条的型号和材质是否符合设计或规定的要求。

2)检验其他焊接材料,如埋弧焊剂的牌号、气体保护焊保护气体的纯度和配比等是否符合工艺规程的要求。

3)对焊接工艺措施进行检验,以保证焊接能顺利进行。

4)检验焊接坡口的加工质量和焊接接头的装配质量是否符合图样要求。

5)检验焊接设备及其辅助工具是否完好,接线和管道连接是否合乎要求。

6)检验焊接材料是否按照工艺要求进行去锈、烘干、预热等。

7)对焊工操作技术水平进行鉴定。

8)检验焊接产品图样和焊接工艺规程等技术文件是否齐备。

2. 焊接生产过程中检验

焊接生产过程中检验是焊接检验的第二阶段,由焊工在操作过程中完成,其目的是为了防止由于操作原因或其他特殊因素的影响而产生的焊接缺欠,且便于及时发现问题并加以解决。

焊接生产过程中检验包括以下几方面。

1）检验在焊接过程中焊接设备的运行情况是否正常。

2）检验对焊接工艺规程和规范规定的执行情况。

3）检验焊接夹具在焊接过程中的夹紧情况。

4）检验操作过程中可能出现的未焊透、夹渣、气孔、烧穿等焊接缺欠等。

5）焊接接头质量的中间检验，如厚壁工件的中间检验等。

3. 焊后成品检验

焊后成品检验是焊接检验的最后阶段，需按产品的设计要求逐项检验。

焊后成品检验包括以下几方面。

1）检验焊缝尺寸、外观及探伤情况是否合格。

2）检验产品的外观尺寸是否符合设计要求。

3）检验变形是否控制在允许范围内。

4）检验产品是否在规定的时间内进行了热处理等。

成品检验有多种方法和手段，具体采用哪种方法，主要根据产品标准、有关技术条件和用户的要求来确定。

成品检验方法分为非破坏性和破坏性两类，如图 9-10 所示。

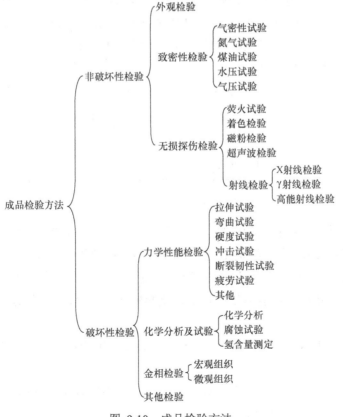

图 9-10 成品检验方法

任务 3　焊接缺欠的返修

焊接是一个热加工的过程，在生产中，无论是采用何种焊接方法、焊接工艺，出现各类缺欠是不可避免的，只是缺欠的大小、危害程度不同而已。当焊接接头出现不符合技术要求或检验标准的超标缺欠，就必须进行返修。工件的返修就是为修补工件的缺欠而进行的焊接，也称补焊。

1. 外部缺欠的返修

工件的外部缺欠主要就是在焊缝表面出现的各类缺欠。这类缺欠没有深入到焊缝内部，如焊缝高低不一和宽窄不均、焊缝与母材过渡不良、较浅的咬边（一般小于 0.5mm）。这些外部缺欠可以采用打磨加工或电弧整形（TIG 焊重熔）的方式进行处理。

2. 内部缺欠的返修

处于焊道内部的缺欠和深入到焊缝的缺欠，都是焊接的内部缺欠，包括未熔合、夹杂、气孔、裂纹、较深的咬边等。

对于各类内部缺欠，要根据无损探伤（主要是 X 射线探伤），确定焊接缺欠的种类、位置、数量等，分析产生缺欠的原因，制订合理的返修工艺。

根据缺欠种类、位置来确定返修部位和操作点。合理的返修工艺包括进行缺欠清除和坡口制备，选择补焊方法及焊接材料，采用合适的返修工艺措施。

（1）清除缺欠、制备坡口　清除缺欠、制备坡口常用碳弧气刨或手工砂轮等进行。坡口的形状、尺寸主要取决于缺欠的尺寸、性质及分布特点。坡口的角度或深度应越小越好。对于脆性材料的裂纹补焊，制备坡口前应在裂纹两端钻止裂孔，以防止在挖制坡口和焊接过程中裂纹扩展，如图 9-11 所示。

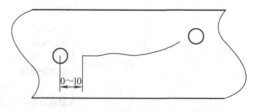

图 9-11　裂纹两端的止裂孔

（2）焊接方法与焊接材料的选择　焊缝返修一般采用焊条电弧焊进行，这是由焊条电弧焊操作方便、位置适应性强等特点决定的。对原来用焊条电弧焊焊接的焊缝，一般选用原焊缝所用焊条；对原来用埋弧焊焊接的焊缝，一般采用与母材相适应的焊条。

（3）返修工艺措施　焊缝返修应控制焊接热输入，并采用合理的焊接顺序等工艺措施来保证质量。

1）采用小直径焊条或焊丝、小电流等小的焊接规范焊接，降低返修部位塑性储备的消耗。

2）采用窄焊道、短段，多层多道焊，分段跳焊等焊接方法，减小焊接应力与变形。注意，每层焊缝的接头要尽量错开。

3）每焊完一道焊缝后，须清除焊渣，填满弧坑，并把电弧引燃后再熄灭。焊后立即用带圆角的尖头小锤锤击焊缝，以松弛应力，但打底焊缝和盖面焊缝不宜锤击，以免引起根部裂纹和表面加工硬化。

4）加焊回火焊道，但焊后需磨去多余金属，使之与母材圆滑过渡或采用 TIG 焊重熔法。

5）须预热的材料，预热温度较原焊缝提高 50℃左右，并且其焊道间温度不应低于预热温度。

6）要求焊后热处理的工件，返修后应重新进行热处理。

3. 检验

返修后，要按原焊缝要求进行同样内容的检验，验收标准不得低于原焊缝标准。检验合格后，方可进行下道工序。否则，应重新返修，在允许的范围内直至合格为止。

复习与思考

1）什么是焊接缺欠？焊接缺欠如何分类？

2）防止焊接过程中产生气孔的措施有哪些？

3）防止产生冷、热裂纹的措施有哪些？

4）焊接检验的全过程包括哪几个阶段？

5）焊缝返修的工艺措施有哪些？

参 考 文 献

[1] 王云鹏. 焊接结构生产[M]. 北京：机械工业出版社，2009.

[2] 赵枫，英若采. 金属熔焊基础[M]. 2版. 北京：机械工业出版社，2015.

[3] 陈云祥. 焊接工艺[M]. 北京：机械工业出版社，2002.

[4] 李荣雪. 焊接检验[M]. 2版. 北京：机械工业出版社，2015.

[5] 邓洪军. 焊条电弧焊实训[M]. 2版. 北京：机械工业出版社，2015.

[6] 陈祝年. 焊接设计简明手册[M]. 北京：机械工业出版社，1997.